土工膜在开挖型水库中的工程研究及应用

段吉鸿　岑威钧　王铭明 等　著

中国水利水电出版社
www.waterpub.com.cn
·北京·

内 容 提 要

本书主要介绍了土工膜在开挖型水库中的工程研究及应用，是针对开挖型水库防渗工程技术探索、研究和实施应用成功历程的真实展示和经验总结，是一本非常宝贵的、具有指导意义的防渗工程参考书。本书共分7章，主要内容包括土工膜、土工膜在水利工程中的应用实例、传统防渗体与土工膜防渗体、开挖型水库、土工膜在开挖型水库中的应用、土工膜在开挖型水库中应用存在的问题、总结与展望等。

本书可供水利工程防渗领域的技术人员、管理人员及其他相关专业的技术人员阅读参考。

图书在版编目（CIP）数据

土工膜在开挖型水库中的工程研究及应用 / 段吉鸿等著. -- 北京 : 中国水利水电出版社, 2023.4
ISBN 978-7-5226-1514-1

Ⅰ. ①土… Ⅱ. ①段… Ⅲ. ①复合土工膜－应用－水库工程－研究 Ⅳ. ①TV62

中国国家版本馆CIP数据核字(2023)第082404号

书　　名	**土工膜在开挖型水库中的工程研究及应用** TUGONGMO ZAI KAIWAXING SHUIKU ZHONG DE GONGCHENG YANJIU JI YINGYONG
作　　者	段吉鸿　岑威钧　王铭明　等 著
出版发行	中国水利水电出版社 （北京市海淀区玉渊潭南路1号D座　100038） 网址：www.waterpub.com.cn E-mail：sales@mwr.gov.cn 电话：（010）68545888（营销中心）
经　　售	北京科水图书销售有限公司 电话：（010）68545874、63202643 全国各地新华书店和相关出版物销售网点
排　　版	中国水利水电出版社微机排版中心
印　　刷	天津嘉恒印务有限公司
规　　格	170mm×240mm　16开本　6印张　84千字
版　　次	2023年4月第1版　2023年4月第1次印刷
定　　价	**60.00**元

本书撰写人员名单

主　　编：段吉鸿　岑威钧　王铭明

撰写人员：段吉鸿　岑威钧　王铭明　胡　江
杨　菊　代　猛　谢作楷　谢　坤
王　新　王梅馨　吴建明　胡建伟
赵光礼

前言

本书主要介绍了土工膜在开挖型水库中的工程研究及应用。首先介绍了土工膜的种类、特性、主要功能和在我国的应用发展，阐述了土工膜在水利工程中的优势，为后续章节的讨论做出了铺垫。其次，介绍了土工膜在面板坝、挡水围堰、渠道工程、防汛抢险和碾压混凝土坝中的应用实例。再次，对传统防渗体与土工膜防渗体的优缺点进行了比较，指出土工膜防渗体相较传统防渗体具有投资低、工期短等优点，为后续章节的分析和应用提供了基础。然后，从开挖型水库建设的必要性、水资源及地质条件和特点三个方面对开挖型水库进行了详细地论述。之后，重点对典型案例深入剖析，内容涵盖了地勘、设计、施工、水库蓄水、水库运行期对土工膜的渗漏检测等方面，并对上述案例成败的关键因素进行探讨，从而全面介绍了土工膜在开挖型水库中的防渗应用、存在问题及解决方案。最后，对土工膜在水利工程中的应用进行了总结与展望。

本书在编写过程中参考并引用了诸多专家学者在科研、设计和施工中积累的宝贵资料，尤其是增益寨水库至烂衙门引水工程和红罩塘水库工程参建单位提供的资料，在此表示衷心的感谢。同时诚挚感谢出版社给予的大力支持，他们在编辑出版过程中的辛苦付出，使得本书可以更快更好地奉献给读者。

由于编者水平有限，书中难免存在不当之处，敬请读者批评指正。

作者

2023 年 4 月

目录

第1章 土 工 膜

随着防渗技术的不断发展，土工膜得到了广泛应用。以前土工膜的名称很杂乱，曾称“塑料布”“塑料薄膜”“塑膜”等，1984年第一次国际土工膜讨论会统一定名为土工膜。

我国于20世纪90年代末开始，制定并颁布了一系列土工膜的国家标准，如《土工合成材料应用技术规范》(GB/T 50290—2014)、《水利水电工程土工合成材料应用技术规范》(SL/T 225—1998) 和《土工合成材料测试规程》(SL/T 235—2012) 等。以上规范是水利行业第一次完整地将国内外土工膜的技术经验进行了科学地总结。这也为土工膜防渗技术的推广提供了科学依据。从此，工程设计、施工部门把土工膜防渗技术正式列入了工程设计、施工议程。

1.1 土工膜的分类

土工膜是一种基本不透水的材料，根据原材料的不同，可分为聚合物土工膜和沥青土工膜两大类。为满足不同强度和变形的需要，又有不加筋和加筋的区分。聚合物土工膜在工厂制造，沥青土工膜则大多在现场制造。聚合物土工膜按材料分类可分为聚乙烯(PE)土工膜、聚氯乙烯（PVC）土工膜、聚丙烯（PP）土工膜等。聚乙烯（PE）土工膜又可分为低密度聚乙烯（LDPE）土工膜、高密度聚乙烯（HDPE）土工膜、氯磺聚乙烯（SPE）土工膜、柔性聚乙烯（FPP）土工膜等。目前使用最广泛的是 PE 土工膜。

由 HDPE 土工膜具有良好的抗拉强度，耐冲击，抗撕裂，耐刺穿性能优越，但其缺点是质地较硬，施工较为困难，焊接困难，因此只建议在大面积的垃圾填埋场、化学工厂的里衬、石油站等需优异的抗化学性的场合进行应用。

LDPE 土工膜仍具有很好的机械性能，比 HDPE 土工膜更具有弹性、柔软性和焊接性，施工较容易，但此土工膜的缺点是抗化学性较 HDPE 土工膜差。

乙烯-醋酸乙烯共聚物（EVA）土工膜是所有 PE 土工膜中具有最佳弹性的一种，常被用来取代 PVC 土工膜，其缺点是软化温度较低，因此，不适合用于高温地区及直接暴露在阳光下的用途。

FPP 土工膜是一种新品，其物性综合了以上各种不同材料的优点，是有很好的机械强度，最好的耐环境应力开裂性能（ESCR）物性，优越的弹性，很好的柔软性，最低的热胀冷缩系数，耐高低温，唯一的缺点是成本较高。

土工膜按结构可分为单层土工膜、复合土工膜、纤维增强土工膜、其中复合土工膜又可分为塑料复合土工膜、土工布复合土工膜等。土工布复合土工膜又可分为一布一膜二层，二布一膜三层和多布多膜等各种规格，基布采用针刺土工布、也可采用长丝机织布、塑料编织等。其中土工布按加工方式可分为非织造布、机织布、针织布等。常见的复合土工膜为非织造布复合土工膜。非织造布复合土工膜广泛应用于水利、交通、机建、市政、环保等许多领域，在工程中主要起防渗及排水作用。

1.2 土工膜特性

土工膜具有多种特性，使得其在工程中具有广泛的应用价值。其特性主要包括以下几个方面：

（1）高强度：土工膜具有较高的抗拉、抗压和抗剪强度，可用于增强土体的承载力和稳定性。相对于传统的土壤材料，土工膜的强度更高，可以承受更大的荷载，使工程更加安全可靠。

（2）耐腐蚀性：土工膜可以耐受多种环境条件，如酸碱、盐渍等腐蚀影响。对于海岸线防护、堤防加固等工程，具有优越的耐腐蚀性。

（3）耐老化性：土工膜在长期使用中不容易老化变质，能够保持较长期的稳定性能。因此，土工膜被广泛应用于公路、铁路、水利、环保等领域的工程中。

（4）耐疲劳性：土工膜的耐疲劳性能优异，能够承受长时间的重复荷载而不会发生变形、破坏等现象。在长期受力的情况下也不容易产生疲劳现象，具有较长的使用寿命。

（5）耐磨损性：土工膜表面光滑，不易受到磨损和腐蚀，具有较好的耐磨损性。这种特性使得土工膜被广泛应用于水土保持、道路加固、防护工程等领域。

（6）可塑性：土工膜易于加工成各种形状和规格，能够适应各种不同的工程需要。同时，土工膜还可以与土壤、砂石等材料进行组合，形成复合结构，增强工程的整体性能。

综上所述，土工膜具有多种优良特性，使其在水利工程领域得到了广泛的应用。

1.3 土工膜的主要功能

土工膜作为一种新型的工程材料，已经广泛应用于各类工程当中，就其功能来讲，主要利用其防渗功能。

土工膜的防渗功能是它的主要功能。利用土工膜可以防止液体的渗漏、气体的挥发，保护环境和建筑物的安全，可以用于土建工程的防水，尤其是在水利工程中，利用土工膜防渗更是得到大规模的推广应用。

另外，还可以利用土工膜把两种材料隔离开来，以免相互混杂，起到隔离作用。

1.4 土工膜在我国的应用发展

土工膜在我国的应用及其发展，有着较长的历史。

云南省寻甸县的李家箐水库，其土石坝坝高原设计为18m，1956年兴建，1963年扩建至现坝高24m。由于筑坝土料杂乱，碾压质量差，坝体渗漏严重。在对该坝进行病害处理及再次扩建时，就使用土工膜代替原设计的黏土心墙防渗体。

湖北省恩施州的左家尚土石坝和盘龙坝，也曾使用过聚乙烯土工膜。

江西省南昌市的珠珞水库大坝原来填筑料质量差，渗漏严重，因此在珠珞水库大坝中应用了复合土工膜，很好地解决了这个难题。

汉江王甫洲水利枢纽位于湖北省老河口市近郊的王甫洲上。历史上该处曾发生过汉江改道的河道变迁。该枢纽是筑坝拦断汉江新老河道，并利用老河道河槽蓄水兴利的工程。它具有平原水库的特点，挡水建筑物的高度不大，但围堤很长，所以是一个坝与堤组合起来的挡水建筑物。王甫洲工程最大坝高只有13m，但两岸围堤的长度达12.63km。由于王甫洲附近缺乏防渗可用的黏土料，经过充分论证，设计部门采用了堤身用砂砾石填筑，用复合土工膜斜墙作防渗的方案。因砂砾石地基较厚而堤的长度很大，故在堤前用复合土工膜铺盖延长渗径的防渗方案。该工程1988年5月开工，1999年4月堤坝完工。共计完成斜墙部位两布一膜的复合土工膜 32.4 万 m^2，铺盖部位一布一膜的复合土工膜 75.4 万 m^2。另外在混凝土护坡接缝后面也铺了起反滤作用的 7.22 万 m^2 的非织造布，合计在围堤范围用了土工布土工膜 115.02 万 m^2。

太湖大堤的淤湖段过去是用块石与砂石堆筑起来的，防渗能力很差，渗漏问题较为严重，多年来一直未能解决。为了解决长期存在的渗漏问题，增强其抗洪能力，当地的水利部门于 1992 年采用铺复合土工膜并在其上设置铰链式混凝土块护坡的综合方法加以处理。其中不仅在堤身的迎水坡铺设了土工膜，而且在湖底也铺设了一段复合土工膜。使用多年效果良好，堤的背水坡不再有渗水现象出现。

总的来说，我国的堤坝建设在 1993 年以前大多采用单膜或多层单膜，这主要取决于当时的土工膜生产技术水平，复合土工膜的研究时间较短，还达不到大面积的利用程度。随着技术水平的提高，在 1994 年以后的项目多采用了复合土工膜。

随着我国水利事业的蓬勃发展，各地修建的各类水库、水工建筑物已 10 万余座，土石坝占了其中的绝大多数。在这一类工程中，防渗材料基本采用了常规的当地黏土材料，或者选择混凝土作为防渗体，这类防渗体的普遍问题在于造价高昂，且受到当地材料的限制。而土工膜作为一种新型的防渗材料，防渗性能良好，造价较前述防渗体低廉，且不受当地材料限制，施工方面也比较简单。正因如此，在目前的水利工程建设中，土工膜已被越来越多的设计人员所采用，而在混凝土坝以及碾压式混凝土坝的修补中，土工膜也屡屡被用作面板防渗材料。

第2章

土工膜在水利工程中的应用实例

2.1 土工膜在面板坝中的应用实例

博维拉面板坝是一座主要向阿尔巴尼亚首都地拉那进行用水调节的水工建筑物。

该工程采用土工膜防渗体，大坝坝体填筑完成之后，在上游坡面进行碾压，用以做复合土工膜的垫层。垫层做好之后，将工程选择的单面复合土工膜放置其上。放置时织物朝下，膜面朝上；上面再铺$800g/m^2$聚丙烯土工布作为表面混凝土预制板护坡的垫层，博维拉面板坝防渗体如图2.1所示。

此坝初设时方案为混凝土面板堆石坝，因施工麻烦，材料缺乏，故改为复合土工膜砂卵石坝。此坝坝面结构布置有两项不恰当之处：

（1）应采用双面复合土工膜，这样就可以避免PVC和PP织物的抗滑稳定性不足问题。

（2）应采用现浇混凝土护坡，土工膜和砂浆有很大的凝聚力，可以达到两者之间的抗滑稳定性的要求，以节省成本和简化施工。

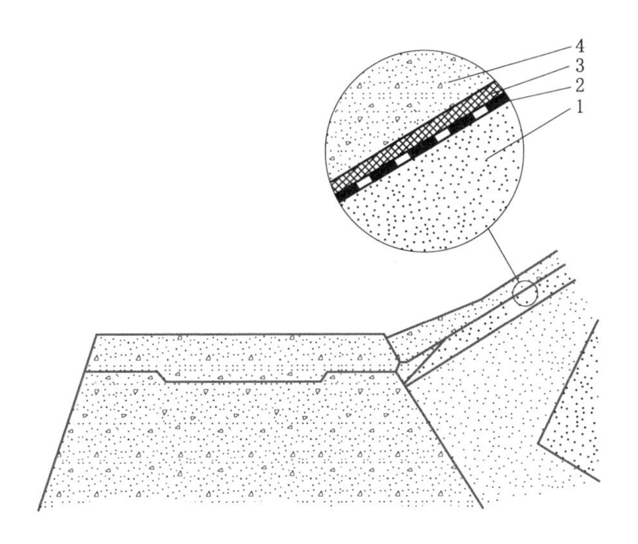

图 2.1 博维拉面板坝防渗体示意图

1—混凝土浇筑的碎石；2—单面复合土工膜；3—聚丙烯土工布，800g/m²；4—无筋混凝土板

2.2 土工膜在挡水围堰中的应用实例

土工膜不但在永久性建筑物中有着很好的应用，在临时建筑物挡水围堰中也有广泛应用。

汉江王甫洲水利枢纽围堤防渗工程位于丹江口水利枢纽下游30km的湖北省老河口市。枢纽建筑物包括泄水闸、船闸、电站厂房、重力坝、土石坝（俗称围堤）。该枢纽中的主河床土石坝、谷城土石坝以及老河道两岸围堤都采用了土工膜防渗。其中主河床土石坝长1251.51m，采用了复合土工膜作为心墙，膜用量3万m²；谷城土石坝长3701m，采用黏土心墙和水平铺盖防渗；两岸围堤长12.63km，采用复合土工膜作为斜墙和上游水平铺盖，膜用量115.02万m²，土石坝护坡和排水沟采用了反滤土工织物25万m²。该工程被列为国家经贸委和水利部的土工合成材料示范工程，土工合成材料应用量之大，在国内名列前茅。

2.3 土工膜在渠道工程中的应用实例

现在，应用土工膜防渗技术的渠道越来越广泛。渠道防渗中应用土工膜的优点是效果好，结构简单，成本低。据调查，湖南、广西和新疆采用的土工膜主要是聚乙烯（PE）土工膜、聚氯乙烯（PVC）土工膜，厚度为0.12～0.2mm，若膜厚不足，可几层叠合使用。

采用复合土工膜进行渠道防渗的优点很明显，土工膜的性能发挥更好，可以有效防止杂草穿透土工膜，以免引起危害。在用膜结构铺设渠道之前，需将渠底找平压实并刷黏土浆处理，有利于接触面结合。铺好膜后，应铺薄层细土，并加混凝土盖板。

南水北调中的中线工程，取水于丹江口水库，设计取水规模为630m^3/s，加大规模为800m^3/s。自丹江口水库陶岔引水口，途经河南、河北两省，横跨长江、淮河、黄河、海河四大流域，供水到北京、天津两市，线路全长约为1400km，采用全程自流明渠引水方式。南、北两岸连接渠道处均采用复合土工膜防渗。其中南岸连接渠道长5477m，为挖方渠道，渠底纵坡1/25000，渠底宽34.7m，两侧边坡为1∶2，在加大设计流量500m^3/s时，设计水深7.6m，水面以上超高1.5m，采用混凝土衬砌和土工膜防渗。北岸连接渠道长9991m（包括长6284m的滩地填充渠道和长3707m的青峰岭填充渠道），渠底纵坡1/30000，最大设计水深7.6m，超高1.5m，采用混凝土衬砌和土工膜防渗。滩地填充渠道渠底宽33.5m，两侧边坡1∶3；青风岭填充渠道渠底宽38.5m，1∶2的边坡。南水北调中线南岸连接渠道防渗体如图2.2所示。

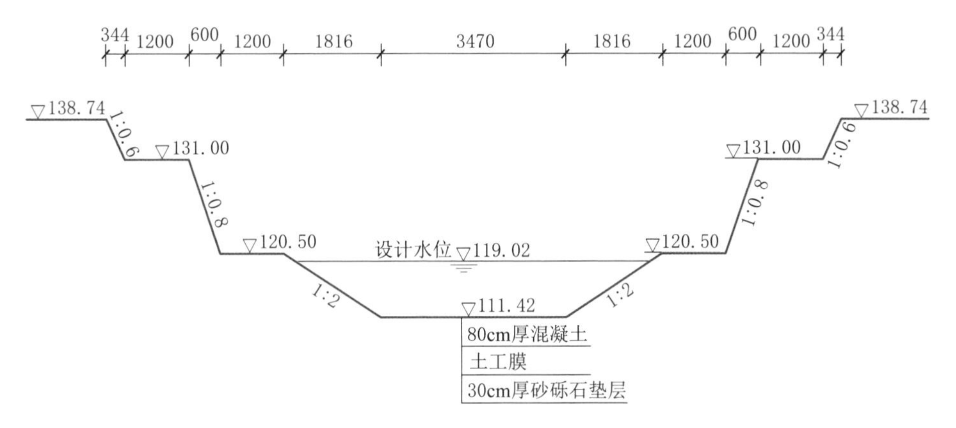

图 2.2　南水北调中线南岸连接渠道防渗体示意图
（单位：高程为 m，其余为 cm）

2.4　土工膜在防汛抢险中的应用实例

浑河，辽宁省水资源最丰富的内河，也是沈阳、抚顺的母亲河。浑河中下游的左岸大堤，历年来洪水期背水坡都存在着不同程度的渗透破坏险情。因为左堤在之前的海城大地震中遭受到了严重损坏，在其后浑河百年不遇的洪水灾害中，产生了严重的渗透破坏。在边坡和路堤坡脚出现大量渗流，对堤防安全产生严重威胁。为从根本上消除该堤段的渗透破坏险情，辽宁省水利水电科学研究院利用自行研制的液压开槽埋膜机对两处堤段进行处理。

堤防防渗帷幕考虑利用垂直开槽铺膜技术，进行基础防渗，再采用土工膜防渗体贴坡铺设的方式进行堤坡防渗，堤防的上游面布置复合土工膜，承受水头约 4.25m，在土工膜上进行堤防保护层的填筑。此方案可以有效提高坝体稳定性，将其与堤基防渗相连接，形成整体性的防渗层。采用此方案进行堤防处理后，通过对堤内渗透水流进行测定，效果显著。堤坡的浸润线落差增大，而渗透破坏现象明显减少，如图 2.3 所示。

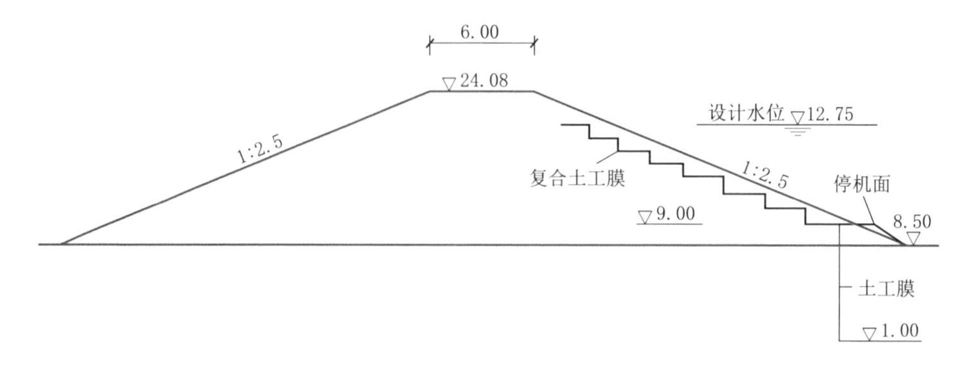

图 2.3 浑河瞿家屯堤防防渗体示意图（单位：m）

2.5 土工膜在碾压混凝土坝中的应用实例

碾压混凝土坝是从根本上改革常规的大坝混凝土的浇捣施工方法，采用水泥含量低的超干硬性混凝土熟料，通过土石坝的现代施工机械和碾压设备实施运料、铺填逐层碾压凝固而成的。与常规混凝土坝相比，一般具有坝身构造简单，水泥和模板用量省，施工速度快和工程造价低的优点。由于碾压混凝土坝的防渗性较弱，需要在上游面设置防渗结构，用土工膜防渗是理想的措施之一。

美国在碾压混凝土坝采用土工膜防渗上起步领先，20 世纪 70 年代末到 80 年代初，美国建成了几座碾压混凝土坝，但其碾压层面都漏水。1984 年在修建温彻斯特碾压混凝土坝时，上游面用 0.65mm 厚的聚乙烯土工膜防渗，膜的上游面用预制混凝土板保护。1985 年在修建的盖尔斯威尔碾压混凝土坝，上游面喷涂 2mm 厚的合成橡胶。这才解决了碾压混凝土坝的漏水问题。

印度尼西亚的巴兰洛坝是 93m 高的碾压混凝土坝，上游面防渗安装 PVC 土工膜，缩短了施工时间，混凝土拌和设计要求的精确度也大大降低。即使坝面出现新裂缝，土工膜也可为防渗提供保证。为了减少施工时间，土工膜安装在坝下部表面，这样仍可进行施工。竣工后，坝上部经过防渗处理，用不透水密封将两部分连接在一起。泄量不大时，土工膜的充分固定使大坝能过水，而不必另建溢洪道。

用复合土工膜防渗的碾压混凝土坝在我国也有应用。河北省的温泉堡水库为1995年建成的碾压混凝土拱坝，坝高47m。坝的上游面下部16.5m范围内贴有一布一膜的复合土工膜，承受水头约46.4m。膜为厚1.5mm的PVC膜，布为100g/m^{2}的聚酯无纺织物。施工时先将复合土工膜的光面贴在膜板表面，然后浇筑坝的表层混凝土，水泥浆渗入聚酯无纺织物，凝结后复合土工膜便牢固地黏结在坝的表面。

北京市的落坡岭水库为1975年建成的碾压混凝土重力坝，最大坝高19.5m。在1976年发现右岸挡水坝段存在裂缝，1981年12月漏水量增大，裂缝已经上下贯穿，此时对裂缝处进行了氰凝灌浆处理，1993年3月观察发现不断有水从裂缝流出，说明裂缝受温度的影响较大，仅靠灌浆处理不能完全解决问题，当即对裂缝锚固黏结一条长3m，宽57cm，厚1.4mm的三元乙丙橡胶薄膜，处理后没有漏水发生。

第3章

传统防渗体与土工膜防渗体

3.1 传统防渗体

3.1.1 土料防渗体

土料防渗体（图3.1）常用在土石坝中作为防渗结构，采用土料防渗的土石坝包括心墙坝、斜墙坝和均质坝等。防渗土料是土石坝的决定性条件。我国不同地区土质不尽相同，加上气候冷暖、雨水多少的差异，给防渗土料的选用、施工方式及质量保证带来不少难题。结合我国不同地区的特定条件，经过不断的工程实践，对不同土料采取相应的措施，取得了不少成功经验。比如对分散性土可加石灰或水泥使其改性；对于膨胀性土要求在一定范围内，在其临界压力值附近，采用非膨胀性土以保持其足够的压强；云南省云龙水电站工程，心墙土料为多种土体团粒结构，干密度差别大，最优含水量相差也很大，采用混合使用方法较好地解决了该问题；黄土类土通过加强压实功能，在黄河小浪底工程斜心墙中得到了成功；鲁布革水电站工程采用风化土料心墙坝，拓宽了防渗土料种类的范围。

随着工程技术的发展，土石坝防渗体也已从过去单一的黏性土发展至风化料、砾质土、掺砾料。

图 3.1 土料防渗体

3.1.2 混凝土面板防渗体

20 世纪 80 年代我国开始建设面板堆石坝，起点较高，发展速度非常快。目前，我国高达百米级的混凝土面板堆石坝已有很多，一部分已接近 200m 级，甚至超过 200m。比如已建的浙江省珊溪混凝土面板堆石坝，利用开挖料石筑坝，坝高 132.5m；云南省茄子山混凝土面板堆石坝坝体填料为花岗岩石料，坝高 107m；黄河公伯峡面板堆石坝，设计地震烈度为Ⅷ度，最大坝高 133m；天生桥一级水电站面板堆石坝，坝高 178m；湖北省清江水布垭混凝土面板堆石坝坝高已达 233m。在建的新疆阿尔塔什水利枢纽工程，拦河坝最大坝高 164.8m；在建的世界第一高混凝土面板坝——新疆大石峡水利枢纽工程，最大坝高 247m。

混凝土面板堆石坝是以堆石为主体材料，用混凝土面板作为防渗体的一种土石坝。一般认为堆石坝于 1870 年发源于美国，最初是抛填堆石，用木面板、钢面板等做防渗体，到 1900 年混凝土面板堆石坝才成为一种典型的土石坝。我国最早的混凝土面板堆石坝是 1966 年建成的贵州省百花水电站大坝，坝高 48.7m。

混凝土面板堆石坝的防渗体系由地基灌浆帷幕或混凝土防渗墙、混凝土趾板、混凝土面板及各种接缝止水所组成。坝体防渗体主要为混凝土面板，有整体式、分离式和条块式等几种。混凝土面板需具有较高的抗渗性能、抗冻性和耐久性，并有一定的强度要求，以保证防渗的可靠性，混凝土面板防渗体如图 3.2 所示。

图 3.2 混凝土面板防渗体

混凝土面板与趾板连接部位的周边缝及面板条块间的垂直缝，以及各种水平缝，都是防渗系统中的薄弱环节。混凝土面板的特点是长而薄，易产生裂缝。裂缝产生的原因有堆石体在自重和水压力作用下的变形、温度应力和干缩等。由温度、湿度等环境因素变化引起混凝土收缩，受到基础约束而在混凝土内诱发拉应力，或自重与水压力作用下的变形在面板中产生拉应力，是促使面板裂缝的破坏力，是面板裂缝的外因；混凝土自身性能和质量决定混凝土的抗裂能力，这是内因。破坏力大于抗裂能力时，混凝土就会产生裂缝。因此，防裂措施可归结为提高其自身的抗裂能力，并尽量减少环境因素引发的破坏力。

3.1.3 沥青混凝土防渗体

沥青混凝土是一种沥青和碎石的混合料，对于水库和渠道，通常在其内侧护坡和底部采用沥青混凝土衬砌以形成防水层。至于堆石坝，则可以将沥青混凝土铺在其上游坡或在坝内设置沥青防渗墙来达到止水的目的，沥青混凝土防渗体如图 3.3 所示。

图 3.3 沥青混凝土防渗体

沥青混凝土防渗堆石坝包括心墙坝、斜墙坝和沥青混凝土面板坝。沥青混凝土应用于水利工程主要是因其具有良好的防渗性能和变形性能。作为大坝的防渗体，其主要应用于大坝面板和大坝心墙。全世界目前已建成的沥青混凝土面板坝有 20 多座、沥青混凝土心墙坝有 70 多座。我国沥青混凝土防渗技术起步较晚，20 世纪 70 年代，建成了甘肃省党河水库沥青混凝土心墙砂砾石坝、吉林省白河沥青混凝土心墙坝等，此后又建成了辽宁省碧流河水库和湖北省车坝水库等沥青混凝土防渗工程。施工机械是水工沥青混凝土技术发展的关键，高度的机械化施工决定了防渗体施工的高质量、高速度和高效率。

沥青混凝土防渗体结构有两种：一种称为简式结构或单防渗层结构；另一种称为复式结构或三明治式防渗结构。简式结构由一层防渗层组成。复式结构有两层防渗层，是在特殊工程条件下采用的一种结构型式，其构造特点是：排水层可排出第一层防渗层的渗漏水，当第一层遭到破坏时，第二层防渗层承担防渗任务。沥青混凝土面板与混凝土面板相比有很多优点，特别是抗裂性能较好，尤为工程界所青睐。沥青混凝土施工工艺技术和沥青混凝土施工设备技术等方面存在的诸如沥青混凝土的环境问题以及沥青混凝土面板的斜坡稳定性问题、低温抗裂问题和机械化施工问题等正在逐步得到解决。

3.2 土工膜防渗体

土工膜防渗体因为有防渗体施工速度快、适应变形的能力强等优点，目前发展势头迅猛，已越来越得到坝工界的喜爱，尤其是把土工膜用于水库库区和中小土石坝防渗，更是备受青睐。

在土石坝中，土工膜常斜铺在上游坝坡形成土工膜防渗斜墙，也可铺设在坝体中央形成土工膜防渗心墙。当水库库盆渗漏比较严重时，可用土工膜铺设部分或整个库盆，形成部分或全库盆土工膜防渗体。尤其是在平原或丘陵地区修建水库，部分或全库盆土工膜防渗体在这两类水库中应用后，不但可以取得较好的防渗效果，还可以改善水库造成的库区周边地下水水位升高进而引起的土壤次生盐渍化问题。土工膜防渗体如图3.4所示。

对于各种结构型式的土工膜防渗体，由于在水利工程领域使用的年限相对较短，许多结构仍在探索和总结阶段，尚无系统成熟理论可

图 3.4 土工膜防渗体

循，故在设计和施工中仍存在以下问题。

当土工膜被用于坝体、坝基和库盆防渗时，由于坝体、坝基或库区局部的不均匀沉降，造成土工膜的不均匀变形，当这种变形大于土工膜自身的允许变形值时，土工膜就有可能拉裂，从而引起集中渗漏，影响整个水库的正常运行，甚至危及大坝的安全。造成这种变形的原因有很多：如膜下地基承受荷载后的不均匀沉降；土工膜防渗体下垫层料的级配不合理，遇水后土体骨架遭到破坏，引起局部范围的不均匀沉降，从而引起土工膜较大的不均匀变形；在土工膜的铺设中，土工膜的某些部位由于施工原因其强度会减弱，这些强度薄弱的地方，在地基和垫层产生不均匀沉降时，更容易产生不均匀变形，引起土工膜的拉裂。

土工膜自身的渗透系数一般为 $1.0\times10^{-11}\sim1.0\times10^{-13}$cm/s，但作为防渗层大面积铺设施工和在不同的垫层下运行时，就容易造成破损，形成渗漏通道，如膜与膜搭接时焊接（黏结）质量不好，被机械或垫层料中棱角尖锐的石子刺破、出厂产品有缺陷、人为利器破坏，加上地基或垫层不均匀沉降等，土工膜的渗透系数会因此大打折扣。所以从宏观尺度方面研究不同类型和厚度的土工膜在不同地基、水头和施工管理水平条件下的综合渗透性是十分必要的。

土工膜可分为光面膜和复合土工膜（光面膜上下黏结土工织物），当用在库区或土石坝中作为防渗层时，光膜上下面需铺砂垫层或砂浆层，外部再铺粗粒料或混凝土板作为受力过渡层或保护层，但复合土工膜不可直接铺在粗粒料之间。在寒冷地区，部分工程为了防止冻胀破坏在紧接土工膜处铺一层聚苯板作为保温层（如新疆的恰拉水库、西尼尔水库大坝等）。然而，土工膜作为柔性的非散粒体材料，与砂、粗粒料、聚苯板或砂浆层之间的摩擦特性是很难精确描述的，国内外目前多用测试散粒体的直剪仪测定土工膜与其他材料之间的摩擦角和黏聚力。但土工膜、聚苯板、砂浆等材料在上下剪力盒中难以精确固定，剪切过程中往往受到偏心荷载和上下剪力盒边缘的影响。

3.3 传统防渗体与土工膜防渗体的优缺点

不管是传统防渗体，还是土工膜防渗体，在水利工程中都有广泛的应用，都具有一定的优缺点。

土料防渗体作为一种柔性材料，优点是具有很好的变形性能，不易破坏，在高烈度地震区建设土石坝时，该防渗体常作为坝体防渗结构来应用；缺点是土料防渗体结构宽而长，土料用量较大，在基本农田、生态红线、公益林保护范围条件的限制下，很难找到符合条件的土料用于防渗结构。

混凝土面板防渗体作为一种刚性材料，其优点是面板薄、防渗材料用量较少；缺点是混凝土面板与趾板连接部位的周边缝及面板条块间的垂直缝，以及各种水平缝，都是防渗系统中的薄弱环节，在温度、湿度等环境因素变化影响下，混凝土面板易产生裂缝。

沥青混凝土防渗体作为一种趋于柔性的材料，其优点是：与混凝土面板相比，沥青混凝土防渗体抗裂性能更好、变形性能更好；与土料防渗体相比，沥青混凝土防渗体用量更少，且不涉及占用基本农田、生态红线、公益林保护范围的情况。缺点是沥青混凝土防渗体的施工工艺较复杂，对施工设备的要求较高，施工难度较大。

土工膜防渗体作为一种柔性材料，相比于传统防渗体其优点是投资更少、施工更便利、工期更短；其缺点是土工膜防渗体较薄，在施工前后均易产生破坏，且不易检测和修复，对现场施工人员的专业技术要求较高。

第4章 开挖型水库

开挖型水库是指在地表上或地下挖掘储水水库，用于蓄水和供水的一种水利工程形式。在开挖水库的过程中需要选择地势较高的地带，通过灌溉、蓄水、防洪等手段，达到调节水资源的功能。

4.1 开挖型水库建设的必要性

近年来，随着经济的快速发展和人口的增加，水资源的供需矛盾日益加剧。在供水紧张的局面下，开挖型水库建设具有重要的现实意义和必要性。首先，开挖型水库可以储存水源，提高水资源利用率，缓解水资源短缺的问题，为当地经济社会发展提供坚实的水源保障。其次，开挖型水库可以减轻工程性缺水的局面，特别是在一些水资源总量并不短缺的地区，通过开挖型水库的建设，可以增加地下水补给和降低地下水开采量，达到供水平衡的目的。此外，开挖型水库还可以起到净化水质的作用，将污染的水资源收集起来加以净化，提供清洁的饮用水和农业灌溉水，保护当地的生态环境。

然而，开挖型水库建设也面临着一些困难和挑战，例如土地占用、环境保护、安全隐患等问题需要加以解决。在开挖型水库建设过程中，

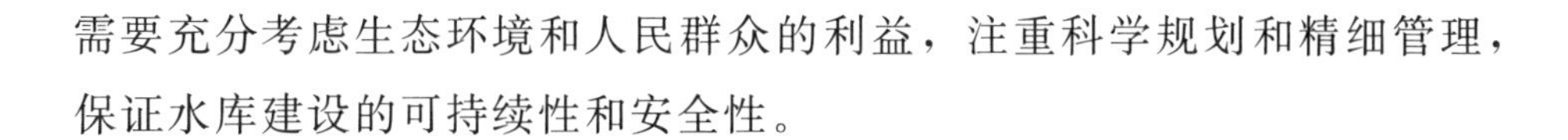

需要充分考虑生态环境和人民群众的利益，注重科学规划和精细管理，保证水库建设的可持续性和安全性。

4.2 开挖型水库水资源及地质条件

目前水资源短缺按其原因分类，大致可以分成资源性缺水、工程性缺水和水质性缺水三大类。资源性缺水，是指当地水资源总量少，不能适应经济社会发展的需要，形成供水紧张的局面。工程性缺水，是指一些水资源总量并不短缺的地区，由于工程建设能力不足，造成供水不足。水质性缺水，是指大量排放的污染物造成淡水资源受污染而出现水资源短缺的现象，往往发生在丰水区。经过近年来的水利工程建设，具有建设水库条件的河段大部分已完成建设。大部分缺水地区属于资源性缺水和工程性缺水，为此急需通过工程措施进行引调水来保障供水，为提高供水保障率则需要调蓄，调蓄可以考虑在原河道建设水库或者在受水区建设水库两个方案。就目前来说，水资源相对丰富且还未开发利用的河道的成库条件一般都比较差，水库的建设难度及投资均较大。这样一来则考虑在受水区建设水库来保障供水，受水区一般情况下则需要开挖形成库盆。

在受水区建设调蓄水库则需要考虑以下几个方面的因素：

（1）需要在受水区的相对高处，以满足整个受水区可以自流供水，尽可能避免提水供水的方式，降低用水和运行成本。

（2）尽量在地形开阔、平缓位置开挖成库，减少弃渣弃料，尽可能减少渣场用地规模。

（3）尽可能选择在受水区中部，减少供水管道长度。

（4）充分利用开挖料作为填筑料，尽可能节省投资。

根据上述需要考虑的因素，开挖型水库大部分位于山脊上，存在地层破碎、地下水位低、岩溶发育等特性。同时开挖型水库还面临无本区径流，来水形式单一、主要靠引水且水量偏少，所以防渗要求高。

4.3 开挖型水库的特点

开挖型水库在前期工作、施工阶段及运行期均与传统的水库工程有少许不同，其主要的特点如下。

（1）适用范围广：开挖型水库适用于不同的地形地貌和地质条件，如河谷、低洼地带、山地等，可以根据当地情况进行设计和施工。

（2）储水能力大：由于开挖型水库的建造是基于地下水和地表水，其储水能力相对较大，一般可达到数十万到数百万立方米的储水量。

（3）抗震性能好：开挖型水库一般为低坝，坝体重心低，因此具有较好的抗震性能，可以在一定程度上减少地震灾害的影响。

（4）建造周期较短：相比于其他类型的水库，开挖型水库建造周期较短，可在较短时间内完成施工和投入使用。

（5）建造及维护费用较低：开挖型水库不需要大规模的混凝土结构，因此建造及维护费用相对较低，因此被广泛应用于各地的水资源管理和利用，特别是对于一些经济条件相对较差的地区，是一个较好的选择。

（6）环境影响较小：开挖型水库的建造对周边环境影响相对较小，因为它主要是基于地下水和地表水，对土地利用和生态环境的影响较小。

（7）水质较好：由于开挖型水库的水源大多来自自然降水和地下水，因此水质相对较好，不容易受到工业和农业污染的影响。

（8）灵活性较高：开挖型水库建造后，可以根据需要进行改造和扩建，以适应当地的水资源管理和利用需要。

综上所述，开挖型水库的特点较为明显，它的建造和运营成本相对较低，而且适用范围广，因此在水资源管理和利用方面得到了广泛应用。

第5章

土工膜在开挖型水库中的应用

5.1 土工膜在增益寨水库至烂衙门引水工程中的应用

5.1.1 工程概况

增益寨水库至烂衙门引水工程水源点位于红河支流排沙河上游河段上，地处云南省红河州元阳县马街乡东南侧、丫多新村西侧，属马街乡辖区；蓄水工程（五家寨水库、幸福村水库、甘蔗山水库）位于红河州元阳县南沙镇北测呼山上。该项目是一项以农业灌溉为主的水利工程，主要建筑物有取水坝、引水总管、五家寨水库、供水干管、幸福村水库及甘蔗山水库等。取水水源点附近有简易小路通过，距元阳县南沙镇约41km，交通条件较差。

增益寨水库至烂衙门引水工程，引水总管从拟建的取水坝进水口出口处引水，管道流经丫多村委会、桃园村委会，最后引至拟建的五家寨水库，再由五家寨水库供水干管向五家寨水库灌区及幸福村水库和甘蔗山水库供水。工程年供水量为574.70万m^3，工程设计灌溉面积为23930亩。

取水坝为C15埋石混凝土重力坝，大坝坝顶高程为1193.50m，防浪墙顶高程为1194.50m，坝顶宽2.50m，坝长为26.00m，最大坝高为6.50m。上游坝为铅直面，非溢流坝段下游坝坡为1∶0.80，起坡点高程为1192.50m。

五家寨水库是一座以农业灌溉为主的水利工程。水库总库容为148.90万m^3，枢纽工程由大坝、输水涵管组成，大坝为均质坝，最大坝高为21.00m，坝长为1250.00m，坝顶高程为1040.00m。设计灌溉面积为10830.00亩。输水涵管为坝下有压涵管，全长138.02m，采用ϕ630螺旋钢管。

幸福村水库是一座以农业灌溉为主的水利工程。水库总库容为87.70万m^3，枢纽工程由大坝、输水涵管组成，大坝为均质坝，最大坝高为22.90m，坝长为1020.00m，坝顶高程为656.00m。设计灌溉面积为8045.00亩。输水涵管为坝下有压涵管，全长97.22m，采用ϕ630螺旋钢管。

甘蔗山水库是一座以农业灌溉为主的水利工程。水库总库容为24万m^3，枢纽工程由主坝、副坝及输水涵管组成。主坝高9.50m、长163.00m，副坝高3.50m、长51.00m，主、副坝均为土石坝。坝顶高程为765.00m。设计灌溉面积为2925.00亩。输水涵管为坝下有压涵管，全长93.27m，采用ϕ630螺旋钢管。

引水总管接取水坝进水口出口处，流经丫多村、凉水井村、桃园村等村至大六呼山顶进入五家寨水库，引水总管全长15.85km，设计引水流量为0.60m^3/s。

供水干管从五家寨水库输水涵管出口接出，经五家寨村、幸福村并在引水总管里程K03＋965.10接支管引水进幸福村水库。引水干管再经呼山村、团结村、甘蔗山村最终流入甘蔗山水库。供水干管全长11.45km。

五家寨水库、幸福村水库和甘蔗山水库为引水式水库，为满足呼山片区灌区的用水需求，五家寨水库拟修建在大六呼村后山头，为呼山片区最高点，高程为1039.00m。呼山属于元阳县马街乡呼山村委会，左岸为红河，右岸为排沙河。排沙河于南沙县城附近汇入红河，呼山位于两河之间，两河之间最窄距离仅500m左右（烂衙门村附近），从上往下看，呼山以“岛屿”形式位于红河上。整个呼山片区无适合建库的河谷、洼地，为充分利用水资源，五家寨水库为山顶开挖库盆，并利用开挖料将库区四周填筑堆高，形成一个碗状水库，以满足灌溉需求。五家寨水库原始地形图与枢纽平面布置图如图5.1所示。

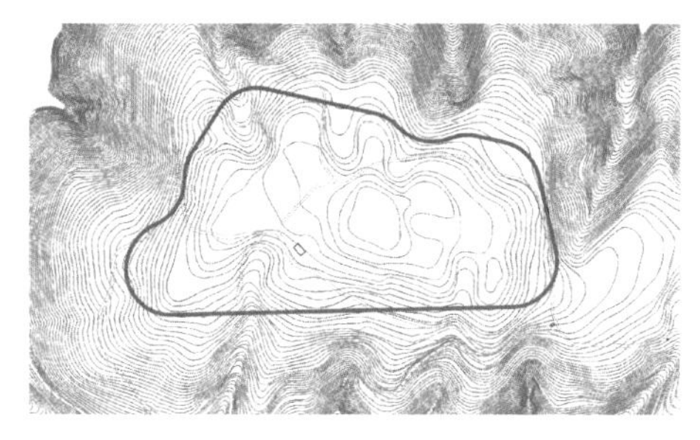

（a）原始地形图

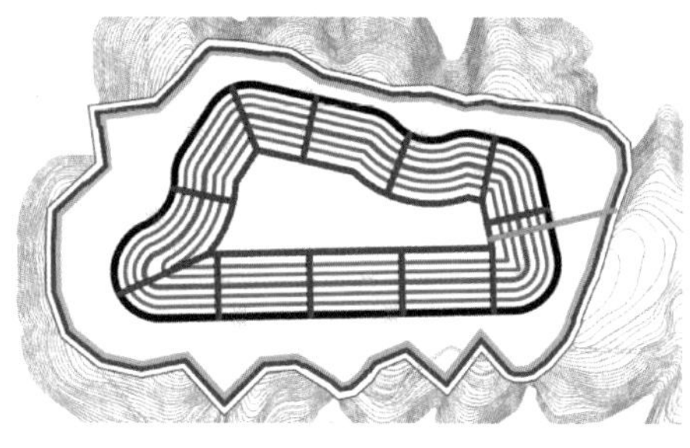

（b）枢纽平面布置图

图5.1　五家寨水库原始地形图与枢纽平面布置图

幸福村水库的布置与五家寨水库大体相似，同为山顶开挖型水库，其原始地形图与枢纽平面布置图如图5.2所示。

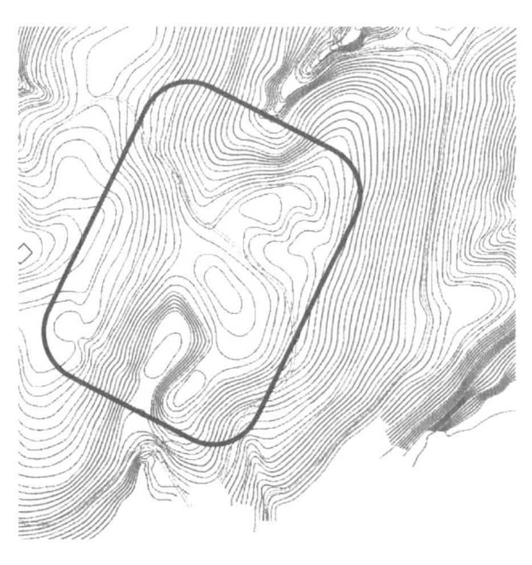

（a）原始地形图

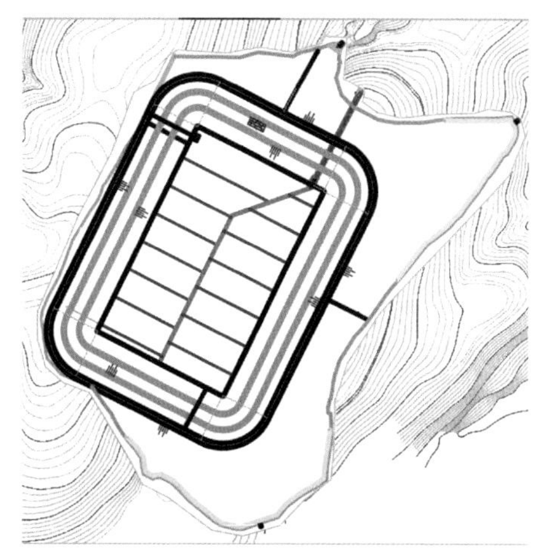

（b）枢纽平面布置图

图5.2　幸福村水库原始地形图与枢纽平面布置图

甘蔗山水库布置于洼地中，库盆内进行了规整铺设土工膜，其原始地形图与枢纽平面布置图如图5.3所示。

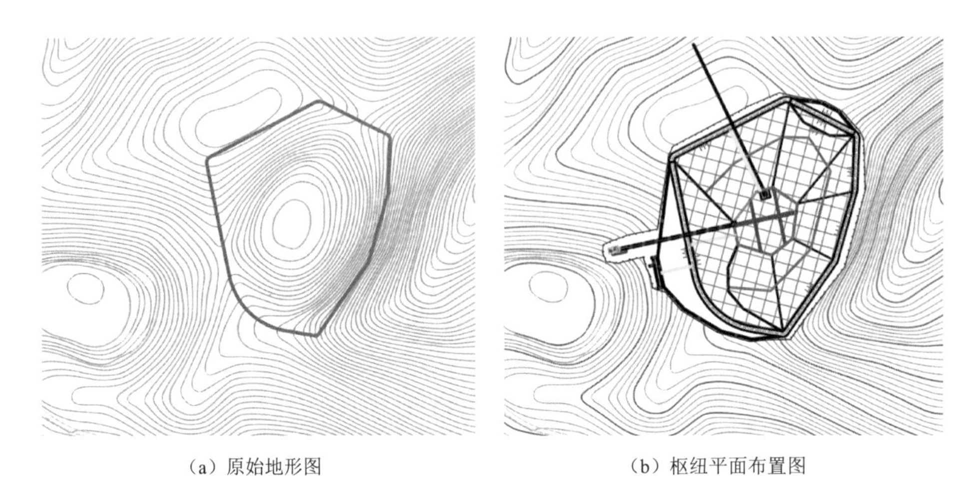

(a) 原始地形图

(b) 枢纽平面布置图

图5.3 甘蔗山水库原始地形图与枢纽平面布置图

如图5.1～图5.3所示，五家寨水库、幸福村水库和甘蔗山水库均为开挖型水库。

5.1.2 工程地质条件

5.1.2.1 五家寨水库工程地质条件

1. 库区工程地质条件

(1) 地形地貌及不良物理地质现象。主要内容如下：

1) 地形地貌。项目区地处云贵高原南缘，地势总体西高东低，地形多为高峻的条带状山地，其山脉、河流走向与构造线方向基本一致，均呈北西西向延伸，海拔高程一般在500～1700m。红河从北西流向南东，河谷底宽80～200m，多呈V形河谷。库区位于元阳县南沙镇以北，属省级易地扶贫开发重点示范区，库区地形低中山地形，地势中间高四周低，位于山顶，山顶宽阔，地形较缓，山顶高程为1030.00～1040.00m。整个库区被第四系残坡积覆盖，四周坡度为35°～45°。坡体基本完整稳定。

2）不良物理地质现象。库区内物理地质现象有典型冲沟、崩塌体及滑坡。

a）典型冲沟。库区坝轴线以外陡坡地形有典型冲沟发育，共有9条冲沟发育，发育方向为南北向，长150～230m，宽10～60m，深3～6m，横断面呈V形，沟壁坡度为45°～65°，沟口冲洪积物极少，仅有少量砂砾石堆积物。形成原因是底部全风化、强风化基岩遭常年流水冲刷脱落而形成堆积。该冲沟现状基本稳定，侧蚀、溯源侵蚀现象较弱。

b）崩塌体。库区内未见明显崩塌体，但在库区回水线以上存在小规模崩塌。形成原因：地表植遭破坏严重，加之人工地形坡度较陡，受雨水及重力的作用。其现状基本稳定。

c）滑坡。滑坡常见在第四系堆积层松散体中，规模一般较小。工程区未见此类大规模不良地质现象，对工程区没有不利的影响。

（2）地层岩性。库区内出露地层有新生界上第三系中新统及新生界第四系。

1）新生界上第三系中新统（N_1）。为砾岩、砂砾岩夹粗砂岩、泥质岩、泥灰岩、钙质页岩及石膏层。

2）第四系（Q）残坡积层（Q^{edl}）。棕红色、红色粉质黏土、黏土，潮湿，结构松散-中密，厚度为6～16m，分布于整个库区。

（3）地质构造。库区未见断裂构造和规模较大的褶皱构造。整个库区均被第四系（Q^{edl}）粉质黏土覆盖，厚度为6～15m，尚未见到小型褶皱和挠曲。该构造规模较小，对工程影响不大。

（4）水文地质条件。主要包括以下几个方面：

1）水文地质。岩土中赋存有变质岩风化裂隙水，表层第四系松散粉质黏土、黏土含孔隙水，但富水性弱，与裂隙水之间存在互补关系。沉积岩深部透水率低，弱风化及以下为相对隔水层，地表水分水岭与地下水分水岭相一致，水库属于开挖库区扩建库容，两岸地下水补给库水。

a）地下水典型。包括孔隙潜水和裂隙潜水。

孔隙潜水分布于沟谷底部和两岸山坡上第四系松散堆积层中。其水量和运动速度取决于堆积层透水性。残坡积层一般微透水，富水性弱，季节性变化大。

裂隙潜水形成于沉积岩裂隙中，地下水的赋存和运动条件取决于裂隙的发育程度、张开和沟通等情况。根据钻孔压、注水试验，强风化岩层由于裂隙发育、风化不均匀性，透水性较大，为中等强透水体（透水率 $q=23.0\sim57.0$Lu），部分陡坡地段岩体卸荷松弛或靠河谷底部水流渗透运移具中等以上透水性；弱风化岩层及弱风化层以下岩石，因裂隙发育的深度逐渐闭合，透水性也变小。所以，裂隙水一般活跃在强风化带中。

b）含（透）水层与隔水层。第四系残坡积（Q^{edl}）砂质黏土、砂土，其结构松散至中密，透水性中等（渗透系数 $K=3.15\times10^{-5}\sim2.15\times10^{-4}$cm/s）。新生界上第三系中新统（$N_1$）泥灰岩、砾岩强风化层之节理、裂隙发育带，透水率 $q=23.0\sim57.0$Lu，属中等强透水层。新生界上第三系中新统（N_1）泥灰岩、砾岩弱风化层及以下岩层节理裂隙不发育，是库区主要的隔水层。

2）水化学特性及水质评价。以灌溉及混凝土侵蚀评价为目的进行水质分析，共取水样3组，分析结果如下：

a）水化学特性。试验水样无色、无味、透明，矿化度为0.110～0.138g/L，属微咸水；总硬度试验值为108～151mg/L，微硬水；pH值为6.85～7.54，属中性水至弱碱性水。

b）灌溉水水质评价。灌溉水水质标准是：当盐度小于15，碱度小于4，矿化度小于2时为较好的灌溉水。

盐度（毫克当量/升）计算方法为：当 $\gamma Na^{+}>\gamma Cl^{-}+\gamma SO_4^{2-}$ 时，盐度等于 $\gamma Cl^{-}+\gamma SO_4^{2-}$；当 $\gamma Na^{+}<\gamma Cl^{-}+\gamma SO_4^{2-}$ 时，盐度等于 γNa^{+}。

碱度（毫克当量/升）＝（$\gamma HCO_3^{-}+\gamma CO_3^{2-}$）－（$\gamma Ca^{2+}+\gamma Mg^{2+}$）。

按上述方法计算结果，库内地表及地下水，盐度均小于15，碱度为0.072～0.620，矿化度为0.080～0.099g/L，计算值均小于规定指标值，故为较好的灌溉用水。

c）水对混凝土的侵蚀性评价。将此次试验值与《水利水电工程地质勘察规范》（GB 50487—2008）要求值进行对比，可知环境水对混凝土无腐蚀性。

2. 库区工程地质评价

（1）库区渗漏。五家寨水库为山顶开挖库盆，并利用开挖料将库区四周填筑堆高，形成一个碗状水库，以满足灌溉需求。开挖深度为14～25m。库盆位于山顶上，地势为中间高四周低，库区外围、库区地表地质测绘及钻孔揭露，其下伏基岩上部为泥灰岩，下部为砾岩，钻孔地下水位较低。根据其岩性和水文地质可分析如下：

1）库盆底渗漏：库盆底由第四系粉质黏土覆盖，厚度为6～15m，下伏基岩为新生界上第三系中新统（N_1）泥灰岩、砾岩，岩溶发育，经勘探，ZK2无地下水位，且渗透系数较大，透水率为34～55Lu，渗透系数为中等至强透水层，库盆底可能存在小型岩溶通道。因此，存在库盆底向库盆外渗漏。

2）库盆四周山体渗漏：库盆四周由第四系粉质黏土覆盖，厚度为6～15m，下伏基岩为新生界上第三系中新统（N_1）泥灰岩、砾岩，经勘探，ZK1、ZK3、ZK4、ZK5地下水位较低，ZK2无地下水位，因此可能存在向四周渗漏的岩溶通道，水库蓄水后，会向四周的岩溶通道渗漏。

库区外围均有冲沟发育，地势低，库区北部底邻谷为红河，南部底邻谷为排沙河，因此可能存在向底邻谷渗漏的情况。

综上所述，水库蓄水后，会向四周、库盆底及底邻谷渗漏。因此，水库蓄水后，存在永久渗漏，建议对整个库盆采用土工膜防渗。

（2）库岸稳定性。库区内未发现较大规模滑坡、泥石流、坍塌等不良物理地质现象，但有典型冲沟发育。

五家寨水库为山顶开挖库盆，并利用开挖料将库区四周填筑堆高，形成一个碗状水库，水库建成后，水库回水使沿岸地段自然条件发生显著变化，原来处于相对稳定的残坡积层及干燥的强风化砾岩遭受库水浸泡并引起水文动态变化，使波浪成为地表水流改造岸坡的主要营力。经地质测绘调查，影响水库稳定的因素如下：

1）库区外围地质因素。水库为山顶开挖库盆，并利用开挖料将库区四周填筑堆高，库区外地形为缓、陡坡地形，坡度一般为 25°～35°，水库建成后，外围地形常年遭流水冲刷后，会形成小型滑坡，不会发生较大规模近库岸滑坡、坍塌等不良物理地质现象。

2）典型冲沟。典型冲沟发育于坝轴线以外陡坡地形，共有 9 条冲沟发育，发育方向为南北向，长 150～230m，宽 10～60m，深 3～6m，横断面呈 V 形，沟壁坡度为 45°～65°，水库蓄水后，暴雨、久雨或地震时库岸分布的不良地质体存在局部失稳的可能，使冲沟冲刷越深，库区存在局部边岸再造现象，因此建议对冲沟做挡墙处理。

根据库区地质结构、地貌条件观察，目前，库区范围内未见大规模泥石流、边坡失稳或大型滑坡现象发生，但应加强库区管理。

（3）库区淹没与浸没。库区位于山顶，覆盖层厚度为 5～6m，下部含水层透水性较强，排泄条件好，地下水埋藏较深，库盆内不存在浸没问题。而库区地质封闭条件较差，库区四周可能存在渗漏通道，水库蓄水后，改变地下水的补给、径流、排泄关系，蓄水后库区外围可能存在浸没问题。

库区内未发现有开发价值的矿产及珍稀动物群落，也没有发现历史文物古迹。加上两岸地形及纵坡较陡，回水线向库尾延伸较短，仅淹没少量农田、耕地，存在轻微淹没问题。

（4）水库区渗漏处理意见。水库区所在位置高于四周，库盆表层为红色粉质黏土，厚 6～15m，黏土应为四周残坡积层长期遭受雨水冲刷至库区而形成。下伏基岩为上第三系中新统（N_1）泥灰岩、砾岩，岩溶较发育。经勘探，ZK1、ZK3、ZK4、ZK5 地下水位较低，ZK2 无地下水位，且渗透系数均较大（$q=23\sim57$Lu），属中等至强透水层。因此可能存在向库盆底和库盆四周山体渗漏的岩溶通道。对此，为使整个库区的防渗保持连续性和完整性，需对库盆底及库盆四周山体进行防渗处理。根据整个库区的地质情况，对库区进行水平防渗及垂直防渗比较如下：

1）水平防渗：整个库区存在岩溶通道，地下水位低，水库位置为排水库区，整个库区范围内的径流均由四周的小型岩溶通道向外渗漏。因此，整个库区可能为一个较大的渗漏平台，水平防渗可以对库底及库底四周起到很好的阻隔作用。

2）垂直防渗：整个库区由第四系残坡积层粉质黏土、泥灰岩组成，地下水位低，水库位置为排水库区，整个库区范围内的径流经由库区排泄至北部红河及南部乌龙河，因此整个库区为一个很大的漏水平台，由于隔水层离库区太远且库底隔水层也非常深，因此垂直防渗不能取到很好的隔水效果。

由于库区地下水位埋藏较深，北部低领谷为红河，南部低领谷为排沙河，库区蓄水会向库区库盆底和库盆四周山体渗漏，因此库区防渗采用水平防渗。

5.1.2.2 幸福村水库工程地质条件

1. 库区工程地质条件

（1）地形地貌及不良物理地质现象。主要内容如下：

1）地形地貌。库区地形为四周高库盆低，属天然洼地地形。四周山顶标高为780.00～796.00m。四周山坡坡度为5°～15°，坡表面覆盖层较厚，残坡积平均厚度约为3.5m，坡体基本完整稳定。

2）不良物理地质现象。库区主要不良物理地质现象为冲沟，较大规模冲沟主要有三处，分别为库南岸2处、坝轴线位置1处，主要表现为覆盖层及基岩全风化层经流水冲蚀而成。

（2）地层岩性。库区内出露地层有新生界上第三系中新统及新生界第四系。

新生界上第三系中新统（N_1）为砾岩、砂砾岩夹粗砂岩、泥质岩、泥灰岩、钙质页岩及石膏层。

第四系（Q）残坡积层（Q^{edl}）为红褐色、砖红色黏土，结构松散至中密，厚度为1.0～5.0m，在整个工程区均有分布。

（3）地质构造。库区断层迹象不明显，没有发现区域性及较大规模的断层及褶皱通过工程区。

（4）水文地质条件。岩层中赋存有基岩风化裂隙水，富水性较好。表层第四系松散黏土、粉质黏土中含孔隙水，富水性弱，与裂隙水之间存在互补关系。地表水分水岭与地下水分水岭相一致。

1）地下水类型。包括孔隙潜水和裂隙潜水。

孔隙潜水分布于工程区第四系松散堆积层中。其水量和运动速度取决于堆积层透水性。地表残坡积层一般中等透水，富水性弱，季节性变化大。

裂隙潜水形成于沉积岩裂隙中，地下水的赋存和运动条件取决于裂隙的发育程度、张开和沟通等情况，根据全风化、强风化层钻孔压、注水试验，部分裂隙由于被黏土充填或风化不均匀（全风化和强风化），透水性较弱，为弱透水体。随基岩深度的增加，岩体风化程度降低，裂隙张开度减小，裂隙连通性降低。所以，裂隙潜水一般活跃在强风化带中。

泥灰岩地层中可能存在岩溶裂隙水，赋存和运移条件主要取决于岩溶裂隙的发育及连通情况，因库区上部覆盖层及泥灰岩全风化层厚度较大，透水性为弱中等，地下水位埋深大于泥灰岩底板深度，所以不利于岩溶发育。

2）含（透）水层与隔水层。按含水性划分，主要为第四系堆积层的孔隙水和基岩风化裂隙水，属于潜水，受大气降水补给，以泉点形式向低谷排泄，径流短，埋藏浅，各冲沟形成独立的水文地质单元，地下水分水岭与地表水分水岭一致。

第四系残坡积层及基岩全风化层为黏土、粉质黏土，厚度为1.0～

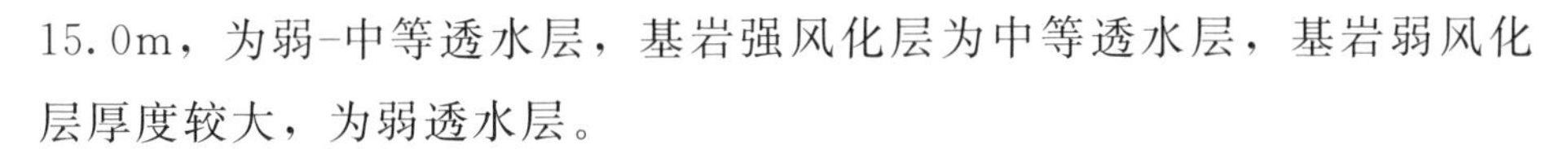

15.0m，为弱-中等透水层，基岩强风化层为中等透水层，基岩弱风化层厚度较大，为弱透水层。

2. 库区工程地质评价

(1) 库区渗漏。水库经开挖成型，开挖深度为3～14m。库盆位于山顶台地，地势为中间低、四周较高，库区勘探钻孔揭露，地表为残坡积黏土覆盖层，平均厚度约为2.5m，结构松散，透水系数较大。其下伏基岩为泥灰岩、砾岩，钻孔地下水位较低，根据其岩性和水文地质可分析如下：

1) 库盆底渗漏：库盆底部开挖至泥灰岩强风化下部，裂隙发育，透水系数较大，属于中等透水层，下伏基岩为新生界上第三系中新统(N_1)砾岩，经勘探，地下水位偏低，且渗透系数较大，透水率$q=15\sim25$Lu，地层属于中等透水层，库盆底可能存在渗漏通道。因此，库盆底向库盆外渗漏的可能性较大，影响水库蓄水。

2) 库盆四周山体渗漏：库盆主要是在山顶台地中心部位开挖至设计深度，然后在北、东、南三侧用挖除的均质土料筑坝，西侧因地势较高，开挖放坡后做加固、防渗处理并直接作为库岸，不重新筑坝。北、东、南侧库岸经人工处理后，稳定性和渗透性均需满足规范设计要求，西侧由天然山体开挖形成，根据ZK1勘探情况查知，在库岸开挖深度内坡体岩土体渗透系数较大，上部残坡积层渗透系数为6.0×10^{-4}cm/s，下部基岩全风化、强风化层渗透率为15～45Lu，属于弱-中透水层。所以水库建成后存在库岸渗漏的情况，需做防渗处理。

综上所述，水库蓄水后，会经库岸及库盆底渗漏。因此，水库蓄水后存在永久渗漏。

(2) 库岸稳定性。水库库盆边坡整体由人工开挖形成，水库岸坡经过边坡稳定计算符合规范设计要求后人工放坡，发生非自然因素失稳的可能性很小。库盆开挖深度内主要岩土体有上部残坡积层，砖红色、红褐色黏土，厚度为1～3.5m，结构较松散，透水系数较大；下部基岩（泥灰岩）全风化、强风化层，全风化层厚度为4～13m，呈粉质黏土状，较密实，透水性接近弱透水，强风化层平均厚度为5m，岩心呈短柱状、碎块状，灰白色，岩质较坚硬，锤击声哑，弱-中等透水。

建议开挖坡比为：残坡积层（黏土）1∶1.5～1∶1.25；泥灰岩全风化层1∶1.25～1∶1；泥灰岩强风化层1∶1～1∶0.75。

水库外围存在土质冲沟，发育于残坡积层及基岩全风化层。其中，一条冲沟位于水库南岸外边坡，为残坡积土层及基岩全风化层经雨水及地表径流冲蚀形成，由于冲沟发育位置紧靠水库南岸，若不采取防护措施任冲沟继续发育而产生溯源侵蚀现象，会造成水库南岸岸坡失稳。建议修建块石混凝土挡墙，防止冲沟溯源侵蚀现象影响库岸稳定。一条冲沟位于坝轴线处且向下延伸，两条冲沟发育成因相同，若不加防护则会影响下坝脚的稳定，建议在坝脚修建时考虑冲沟的影响并增加防护措施。

（3）库区淹没与浸没。根据库区地质结构、地貌条件观察，其淤积主要来源于岸坡经雨水冲蚀进入库区的第四系松散覆盖层，但淤积物量较小，不影响水库的正常运营。

工程区多为农田，水库主要经人工开挖达到设计库容，仅征用工程区部分农田，未发现有开发价值的矿产及珍稀动物群落，也没有发现历史文物古迹。

工程区基岩中下部为第三系砾岩，岩体稳定，下部含水层透水性较强，排泄条件好，故水库蓄水后不存在地下水壅高而导致的浸没问题。

（4）水库诱发地震。水库规模不大，蓄水深度较小，库区及近靠库区外围无区域性断裂构造通过，加之库区及周围基岩岩体风化较深，蓄能条件相对较差。因此，库水诱发地震的可能性较小。

5.1.2.3 甘蔗山水库工程地质条件

1. 库区工程地质条件

（1）地形地貌。库区地形为四周高库盆低，属天然洼地地形。四周山顶标高为780.00～796.00m。四周山坡坡度为15°～25°，坡表面覆盖层较薄，大部分基岩出露，坡体基本完整稳定。

（2）地层岩性。库区内出露地层有新生界上第三系中新统及新生界第四系。

新生界上第三系中新统（N_1）为砾岩、砂砾岩夹粗砂岩、泥质岩、泥灰岩、钙质页岩及石膏层。

第四系（Q）残坡积层（Q^{edl}）为紫红、浅黄或杂色黏土、砂质黏土夹碎块。碎块呈棱角状，片状，直径0.5～20cm不等，结构松散至中密，厚度为0.5～4.0m，主要分布于河谷岸坡地带。

冲洪积层（Q^{apl}）为灰、白、黑色粉砂质黏土及磨圆的砂、卵（砾）石层，直径一般为0.5m左右，少部分直径达3.0m余，成分复杂，厚度为2.0～15.0m，分布于河床及冲沟口一带。

（3）地质构造。库区断层迹象不明显，没有发现区域性及较大规模的断层及褶皱。

（4）水文地质条件。根据地下水的存在条件、水理性质及水力特征，该区域地下水划分为孔隙水、裂隙水及岩溶水。

1）孔隙水。孔隙水分布于松散土层中（黏性土、砂性土），其中黏性土含水性弱，透水小，属相对隔水层；砂性土含水性好，透水性强，其水量受季节变化影响较大。

2）裂隙水。裂隙水分布于碎屑岩中，属风化带网状裂隙水。据调查，该岩组在一定深度内节理裂隙发育，富水性强。

3）岩溶水。岩溶水主要分布于上第三系、三叠系、二叠系碳酸盐岩中，绝大部分为裸露型，以管道流为主，具潜水性质。由于岩溶发育存在不均匀性，各地富水性不均一，岩溶水以大泉形式于盆地边缘与沟谷底部或隔水岩层与阻水断裂带集中排泄为主。

2. 库区工程地质评价

（1）库区渗漏。整个库区属于开挖扩建库容，开挖深度为3～10m。库盆位于山顶上，地势为中间低、四周较高。库区外围、库区地表地质测绘及钻孔揭露，其下伏基岩为砾岩，钻孔地下水位较低，根据其岩性和水文地质可分析如下：

1）库盆底渗漏：库盆底由第四系粉质黏土覆盖，厚度为1～2m，下伏基岩为新生界上第三系中新统（N_1）砾岩，岩溶发育，经勘探，ZK3地下水位偏低，且渗透系数较大，渗透率为11.5～25.3Lu，属中等透水层，库盆底可能存在小型岩溶通道。因此，存在库盆底向库盆外渗漏。

2）库盆四周山体渗漏：库盆四周基岩裸露，岩性为新生界上第三系中新统（N_1）砾岩，经勘探，ZK1、ZK4地下水位较低，ZK2无地下水位。因此，可能存在向四周渗漏的岩溶通道，水库蓄水后，会向四周的岩溶通道渗漏。

综上所述，水库蓄水后，会向四周及库盆底渗漏。因此，水库蓄水后，存在永久渗漏。

（2）库岸稳定性。水库建成后，水库回水使沿岸地段自然条件发生显著变化，原来处于相对稳定的残坡积层及干燥的强风化砾岩遭受库水浸泡并引起水文动态变化，使波浪成为地表水流改造岸坡的主要营力。经地质测绘调查，影响水库塌岸的因素如下：

1）库岸地表覆盖层及岩性和地质结构因素。库区地表覆盖层较薄，现在形成的自然边坡基本稳定，水库蓄水后岸坡容易遭受静水袭夺作用，但由于覆盖层较薄，不会发生小规模的塌岸现象。库区岩性为砾岩，岩体结构多为完整结构，水库蓄水后岸坡易受静水袭夺作用，也不会发生小规模塌岸现象。

2）库岸形态因素。库岸地形坡度角一般为15°～25°，地形较缓，库岸现状多为低矮灌木林和农作物，残坡积层较薄，一般厚为1.0～2.0m。据目前观测，库区未发现近岸严重坍塌等现象，以工程类比经验判定，将来水库蓄水后，不会发生较大规模近库岸滑坡、坍塌等不良物理地质现象。

库区基岩出露，根据库区地质结构、地貌条件观察，目前，库区范围内未见大规模泥石流、边坡失稳或大型滑坡现象发生，但应加强库区管理。

(3) 库区淹没与浸没。水库建成后，库盆内正常蓄水位以上坡度较缓（15°～25°），覆盖层较薄（1～2m），黏粒含量较低（15%～30%），下部含水层透水性较强，排泄条件好，地下水埋藏较深（17～25m），库盆不存在浸没问题。而库区原地质封闭条件较差，经过铺盖复合土工膜后，复合土工膜与正常蓄水位相交，故水库外围也不存在浸没问题。

库区内未发现有开发价值的矿产及珍稀动物群落，也没有发现历史文物古迹。加上两岸地形及纵坡较陡，回水线向库尾延伸较短，仅淹没少量农田、耕地，存在轻微淹没问题。

(4) 水库区渗漏处理意见。水库区所在位置高于四周，属于悬托型河床，库盆底部表层为红色粉质黏土，厚1～2m，底部黏土应为四周残坡积层长期遭受雨水冲刷至库区而形成。下伏基岩为上第三系中新统（N_1）钙质砾岩，岩溶较发育。经勘探，ZK1、ZK3、ZK4 地下水位较低，ZK2 无地下水位，且渗透系数均较大（$q=11.9\sim52.6$Lu），属中等透水层。因此，可能存在向库盆底和库盆四周山体渗漏的岩溶通道。对此，为使整个库区的防渗保持连续性和完整性，需对库盆底及库盆四周山体进行防渗处理。根据整个库区的地质情况，对水平防渗和垂直防渗比较如下：

整个库区存在岩溶通道，地下水位低，水库位置为排水库区，整个库区范围内的径流均由四周的小型岩溶通道向外渗漏。因此，整个库区可能为一个较大的渗漏平台，需要做防渗处理的面积较大，垂直防渗达不到防渗效果，水平防渗可以对库水和库盆起到很好的阻隔作用，防渗效果较好。故建议采取水平防渗方式。

5.1.3　防渗结构设计

增益寨水库至烂衙门引水工程的3座水库库区分布第四系残坡积

(Q^{edl})砂质黏土、砂土;新生界上第三系中新统(N_1)泥灰岩、砾岩的节理、裂隙发育,属中等强透水层。需要采用全库盆防渗形式,库底防渗结构由下至上为SNG-PET-10-6土工布、CH-1 7000/0.6(GB/T 17643—2011)土工膜、SNG-PET-10-6土工布、500mm厚黏土层。岸坡防渗结构由下至上为SNG-PET-10-6土工布、CH-1 7000/0.6(GB/T 17643—2011)土工膜、SNG-PET-10-6土工布、200mm厚砂碎石垫层、100mm厚预制块。

在岸坡与库底相交处设置护脚挡墙,岸坡上设置防滑槽,坝顶结合防护栏杆基础设置锚固墩,用于土工膜、土工布的锚固。

根据《水利水电工程土工合成材料应用技术规范》(SL/T 225—98)第5.2.1条规定,防渗土工膜应在其上面设防护层、上垫层,在其下面设下垫层。

5.1.3.1 下垫层设计

1. 下垫层设计原则

(1)具有一定的承载能力,以满足施工期及运营期传递荷载的要求。

(2)有合适的粒径、形状和级配,限制其最大粒径,避免土工膜在高水压下被顶破。

(3)保证防渗膜下排水顺畅。

(4)库底和土工膜之间满足层间反滤关系,以保证渗透稳定。

(5)土工膜与下垫层应能够保持稳定,不会发生滑移、淘蚀和坍塌等。

2. 水库防渗要求

五家寨水库库底高程为1015.00m,正常蓄水位为1039.00m,正常蓄水位水头为24.00m,防渗面积约为10.57万m^2,其中库底防渗面积约为2.20万m^2;幸福村水库库底高程为638.70m,正常蓄水位为652.80m,正常蓄水位水头为14.10m,防渗面积约为8.03万m^2,其中库底防渗面积约为3.05万m^2;甘蔗山水库库底高程为749.00m,正

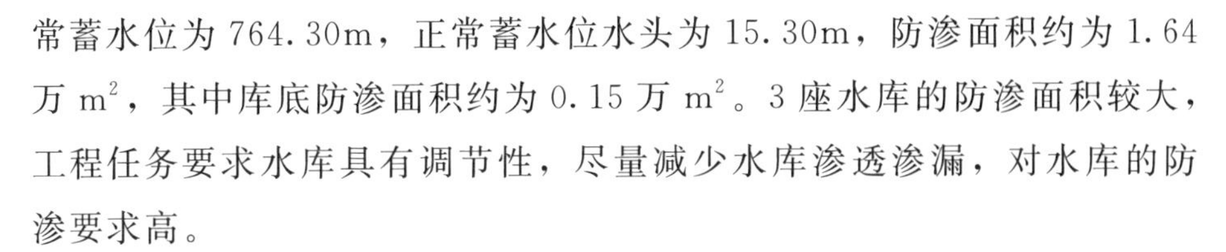

常蓄水位为764.30m，正常蓄水位水头为15.30m，防渗面积约为1.64万m^2，其中库底防渗面积约为0.15万m^2。3座水库的防渗面积较大，工程任务要求水库具有调节性，尽量减少水库渗透渗漏，对水库的防渗要求高。

3. 下垫层结构设计

(1) 库底下垫层设计。库底下垫层设计主要考虑因素如下：

首先，五家寨水库、幸福村水库、甘蔗山水库库盆为岩溶渗漏型，水库开挖并进行基础处理后，针对岩基出露区存在的细微裂隙，由于其排水通畅，为避免下垫层及基岩裂缝中的细颗粒被水流带走而发生破坏，在开挖后的基础表面设置一层SNG-PET-10-6土工布。

其次，水库的防渗要求高，为尽量减少库盆高水头区渗漏量，库底采取低渗透性的材料并与土工膜组合进行防渗。低渗透性材料同时可以发挥垫层作用，保护土工膜不被刺穿。

通过对比分析，库底开挖后，除甘蔗山水库库底出露大量强风化基岩外，五家寨水库和幸福村水库基础大部分为全风化基岩。五家寨水库和幸福村水库开挖后形成的基础面主要为全风化土层，颗粒较小且比较均匀，因此将SNG-PET-10-6土工布铺设在开挖面上。甘蔗山水库由于出露大量基岩，为避免基岩裂缝中的细颗粒被水带走，在开挖面上设置150mm厚的砂垫层（粒径2.0～10mm）。

(2) 库岸下垫层设计。元阳县增益寨水库至烂衙门引水工程的五家寨水库、幸福村水库库岸主要为土质岸坡，甘蔗山水库库岸主要为岩质岸坡。土质岸坡经平整后可以直接作为支持层，岩质岸坡需清除尖锐岩基，同时设置100mm厚的砂垫层（粒径2.0～10mm）。

5.1.3.2 土工膜防渗层设计

土工膜是防渗结构发挥防渗作用的主要结构层，该层的设计包括土工膜材料的选择，土工膜厚度的确定、土工膜的连接和锚固等内容。

1. 土工膜材料的选择

土工膜是一种聚合物，在水利工程中用于防渗的主要为热塑性塑料类，如聚乙烯（PE）、高密度聚乙烯（HDPE）、低密度聚乙烯（LDPE）、氯磺化聚乙烯（CSPE）及聚氯乙烯（PVC）等。自20世纪60年代国外开始使用土工膜进行大坝防渗以来，土工膜已被广泛应用于水利工程防渗，较多使用的土工膜材料为高密度聚乙烯（HDPE）与聚氯乙烯（PVC）。目前，国内堤坝使用土工膜防渗也有20余年的历史，采用的土工膜材料主要为高密度聚乙烯（HDPE）与聚氯乙烯（PVC），以高密度聚乙烯（HDPE）土工膜防渗居多。故采用高密度聚乙烯土工膜（HDPE）与聚氯乙烯土工膜（PVC）并比选如下：

（1）力学特性分析。两者拉伸强度相差不大，在只用于防渗而不作为加筋材料使用的情况下，拉伸强度不是选材的主要指标。但从另一方面来讲，PVC土工膜因添加有塑化剂，软性较好，与砂粒接触时可使砂粒嵌入得更深而不破裂，从而增加两者之间的摩擦系数，对铺设在斜坡上的土工膜的稳定有利。

（2）温度敏感性分析。两者都可以焊接，PVC土工膜的容重大于HDPE土工膜，且熔点较高，导致焊接不如HDPE土工膜方便。PVC土工膜对部分溶剂敏感，可采用溶剂进行黏结。HDPE土工膜的化学阻抗高，对溶剂不敏感，一般不采用溶剂进行黏结。HDPE土工膜比较硬，施工时弯折后容易出现折痕。PVC土工膜有低温脆性，温度降低，土工膜也会变硬变脆，该工程所在区域为红河河谷沿岸，常年气温保持在10℃以上，使用两种材料的土工膜都不受限制。

（3）焊缝性分析。PVC土工膜单幅生产宽度一般为2.0～3.0m，HDPE土工膜幅宽一般为6.0～8.0m。因此，同一防渗面积下HDPE土工膜的接缝数量比PVC土工膜少1半以上，接缝数量少，现场焊缝的工作量大幅减少。此外，接缝处也是土工膜防渗的薄弱环节，接缝越多后期发生渗漏的风险越大。

（4）耐久性分析。根据自身结构和外部环境条件，影响土工膜耐久性的因素分为内因和外因。内因包括材料的物理结构、聚合物种类和添加剂种类，其中聚合物种类最为重要，材料的物理结构对材料性能的影响也很大；外因主要为土工膜的工程条件和周围环境，损害土工膜的主要因素有热、氧、光、臭氧、湿气、大气中的 NO_2 和 SO_2、溶剂、低温、应力和应变、酶和细菌等。

目前国内外已发布相应的规程规范，对土工膜产品的相关性能参数进行了严格的控制。从内因上分析，主要是严格控制产品的原材料、添加剂及产成品的相关参数；外因是受到自然界中紫外线、水、氧、热、酸和碱等的作用，其中紫外线、氧、热是影响土工膜老化的主要因素，紫外线是引起土工合成材料老化的决定性因素，热老化只有在温度较高时才比较明显，而氧浓度对老化的影响很少。

通过对 HDPE 土工膜及 PVC 土工膜使用寿命的相关资料进行收集与分析可知，HDPE 土工膜在有覆盖条件下或者水下寿命推算可达到 50 年，裸露条件下基本可达到 20～30 年，另可添加抗老化剂以增加使用寿命，或者增加膜上保护以延长寿命。PVC 土工膜寿命受增塑剂挥发的影响，一般达不到 50 年的使用寿命，部分国外产品在裸露情况下可推测寿命达到 50 年，利用国外产品时，材料和安装单价高，投资远大于 HDPE 土工膜。

HDPE 土工膜与 PVC 土工膜综合对比见表 5.1。

表 5.1　　HDPE 土工膜与 PVC 土工膜综合对比

特　性	HDPE 土工膜	PVC 土工膜	结　论
力学特性	软性较 PVC 材质的欠佳，弹性应变区间较 PVC 材质窄	软性较好，可增加与砂粒之间的摩擦，对铺设上的斜坡上土工膜的温度有利	两者拉伸强度相差不大，但 PVC 软性好，适应变形能力稍强，PVC 土工膜稍优
温度敏感性	焊接方便，对溶剂不敏感，但容易出现折痕	熔点高，但对溶剂敏感，采用溶剂进行黏结，表现低温脆性，冬季施工受到限制	HDPE 土工膜较优

续表

特 性	HDPE 土工膜	PVC 土工膜	结 论
焊缝性	幅宽可达到6～8m，施工时焊接数量较少，减少焊接工作量，避免焊缝施工缺陷	幅宽为2～3m，施工时焊缝较多，焊接工作量较大，施工缺陷风险较大	HDPE 土工膜较优
耐久性	有覆盖条件下或者水下寿命基本可达到50年，裸露条件下基本可达到20～30年。可以考虑添加抗老化剂以增加使用寿命，或者增加膜上保护以延长寿命	PVC 土工膜寿命受增塑剂挥发的影响，一般达不到50年的使用寿命，部分国外产品在裸露情况下可推测寿命达到50年，利用国外产品时，材料和安装单价高，投资远大于 HDPE 土工膜	HDPE 土工膜较优

通过的土工膜的力学特性、温度敏感性、焊缝性、耐久性进行分析，可知高密度聚乙烯（HDPE）土工膜较聚氯乙烯（PVC）土工膜具有低温柔性、可焊接性、耐化学腐蚀能力、较好的耐磨性、焊缝少、低造价等优势，综合选择高密度聚乙烯（HDPE）土工膜为该项目的土工膜。

2. 土工膜厚度的确定

土工膜的厚度直接影响工程质量及其可靠性，为减少水库渗漏，尽可能避免施工破损、水压击穿、基础变形、撕裂土工膜等，要求土工膜须有一定厚度。土工膜的厚度是根据作用水头、下垫层最大粒径、膜的应力和变形几何特征，以及《土工合成材料工程应用手册（第二版）》和《水利水电工程土工合成材料应用技术规范》（SL/T 225—98）附录C中顾淦臣的薄膜理论计算公式计算出来的。计算公式为

$$T = 0.204pb/\sqrt{\varepsilon} \tag{5.1}$$

式中 T——单宽土工膜所受拉力，kN/m；

p——膜上作用水压力，kPa；

b——预计膜下地基可能产生的裂缝宽度，m；

ε——膜的拉应变，%。

五家寨水库最大水头为 24.20m，膜上水压力为 237.16kPa；幸福村水库最大水头为 17.90m，膜上水压力为 175.42kPa；甘蔗山水库最大水头为 15.70m，膜上水压力为 153.86kPa。

预计膜下地基可能产生的裂缝宽度，根据地质专业选取建议值 $b=0.01$m。带入上述数值，计算得出五家寨水库土工膜所受拉力为 2.16kN/m、幸福村水库土工膜所受拉力为 1.60kN/m、甘蔗山水库土工膜所受拉力为 1.40kN/m。

1974 年，全苏水工科学研究院在薄膜理论的基础上结合试验提出计算薄膜应力的经验公式为

$$t=0.060E^{1/2}\frac{pd^{0.32}}{[\sigma]^{3/2}} \quad (22\text{mm}<d<100\text{mm}) \tag{5.2}$$

式中 t——土工膜厚度，mm；

E——在设计温度下薄膜的弹性模量，取 70kg/cm²；

p——薄膜承受的水压力，t/m²；

d——与膜接触的土砂卵石的最大粒径，30mm；

σ、$[\sigma]$——薄膜的拉应力、允许拉应力，kg/cm²。

带入水压力、拉应力和允许拉应力，计算得出五家寨水库的土工膜厚度 $t=0.395$mm、幸福村水库的土工膜厚度 $t=0.292$mm、甘蔗山水库的土工膜厚度 $t=0.256$mm。为保证水库安全蓄水，减少渗漏量，根据理论计算结果及相关工程经验，五家寨水库、幸福村水库和甘蔗山水库选择 0.6mm 厚的 HDPE 土工膜。

3. 土工膜的连接与锚固

该工程防渗材料为 HDPE 土工膜，该材料对温度敏感，具有热塑性，可采取热熔焊接的方式。此外，还可以采取嵌固锚接的方式。由于 HDPE 土工膜黏结性能差，不适合黏结。

（1）焊接方法选择。热熔焊接方法主要包括热楔焊接、热风焊接

及挤压焊接，通常情况下热楔焊接、热风焊接与挤压焊接联合运用。

热楔焊接法是让两层土工膜分别从热楔体的上方和下方通过，使表面融化，然后被两个压力轮压紧连在一起的方法，在实际工程中应用比较广泛，相比其他方法，形成的焊接连续性好。焊接时应严格控制焊接的温度、压力和速度，但不适宜较薄的土工膜，是HDPE土工膜焊接的首选方法。

热风焊接是指空气经过焊枪中的加热器加热到土工膜焊接所需的温度，使焊接面或者焊条融化，在压力下使之结合的方法。此方法不适宜较薄土工膜的焊接，常常作为HDPE土工膜连接的次要方法。

挤压焊接是指使用一台微型挤出机，将与土工膜相同材质的焊料熔融塑化后粘贴在土工膜的搭接处，利用挤出熔融物的热量，将土工膜搭接处表面熔融，两层土工膜通过该层熔融物连接在一起的方法。该焊接方法可用于直接、曲线和交叉焊缝，但焊接速度慢、劳动强度大、焊接成本高，对操作者的熟练程度要求高。

经过对上述焊接方法进行比较，该工程土工膜的焊接采用热楔焊接与热风焊接相互配合的方式。对于长度长、线路直的焊缝，应采用热楔焊接法，幅与幅之间的搭接不小于10cm，焊接后焊缝的拉伸强度要达到母材的80%以上。对于曲线、交叉焊缝，应采用热风寒假法，交叉焊接严禁形成“十”字形。

(2) 焊缝检测。焊缝检测主要用无损检测方法，包括充气检测、抽气检测及电火花检测等方法。

针对热楔焊接形成的双轨焊缝，可以采取充气检测的方法。根据焊缝中间预留的气腔的特点，在一条焊缝施工完毕后，将焊缝气腔两段封堵，用气压检测设备对焊缝气腔加压到0.15～0.20MPa，充气长度为30～60m，保持1.0～5.0min，压力无明显下降即为合格。

抽气检测不仅适用于热楔焊接、挤压焊接，而且可以用于检测土工膜平面上的任何疑点处。抽气检测实际上是使用一种真空检测仪，在检测处上涂上肥皂泡，将真空检测仪盖在其上，开启真空泵，透明罩内形成负压，焊缝或者膜上有肥皂泡产生时，说明焊缝或膜上有渗漏点。

电火花检测适用于挤压焊缝及地形复杂的部位。预先在挤压焊缝中埋设一条直径为0.3～0.5mm的细铜线，利用35kV的高压脉冲电源探头在距离焊缝10～30mm的高度扫描，无火花出现即为合格，出现火花则说明该部位有漏点。

综上分析，该工程土工膜铺设焊接后，上述3种检测方法均可以用于土工膜焊缝的检测。

（3）土工膜的锚固。该工程土工膜的锚固包括土工膜自身在马道、岸坡的锚固，土工膜与库顶挡墙的锚固，土工膜与输水涵管进口的搭接，库底库岸相交处的搭接等。

库岸土工膜锚固主要考虑以下几个因素：

1）从水库的库盆平面布置来分析，五家寨水库、幸福村水库和甘蔗山水库3座水库库底均为同一高程，不需要考虑分台铺设。

2）根据与市场上生产土工膜的主要厂家沟通得知，目前土工膜厂家吹塑出来的土工膜长度，考虑到运输条件和搬运条件，一般在100m以内。

3）项目所在地白天温度可到40℃，夜晚温度一般在20℃左右，虽然最低气温不低，但是温差比较大，施工时需要考虑施工褶皱。

综合以上几方面的因素，五家寨水库、幸福村水库和甘蔗山水库库底为平面，库底不需要做特殊锚固处理，库岸则需要设置锚固设施。

在岸坡铺设土工膜后，需要在膜的端部设置防滑槽对土工膜进行锚固，以防滑槽提供的锚固力保证土工膜在岸坡上的稳定，防止土工膜发生滑移，进而形成结构破坏。尤其是在土工膜上采取保护措施时，上保护层与膜之间产生向下的下滑力，膜与下部垫层产生向上的摩擦力，下滑力与摩擦力之差会使得土工膜收到向下的拖拽作用，此时，需要采取锚固的方法，提供锚固力以阻止土工膜下滑，保持土工膜的稳定。

土工膜与库顶挡墙采取锚固措施时，土工膜与库顶的连接采用嵌入式连接的方式，在浇筑库顶挡墙混凝土时将土工膜嵌入后再进行浇筑。

库岸与库底交界处采取锚固措施时，库岸与库底相交处设置宽 1.0m、高 0.5m 的混凝土护脚挡墙，为保证土工膜整体的防渗效果，该工程在护脚挡墙处不考虑切断土工膜，而是将护脚挡墙整体浇筑于土工膜之上，以这一方式进行锚固。

5.1.3.3　上垫层设计

1. 上垫层考虑的因素

土工膜上垫层的作用主要是防止或减少不利因素，包括光照老化、流水、冰冻、动物损伤、施工期破坏、风吹等的影响。损害土工膜的主要因素为热、氧、光、臭氧、湿气、大气中的 NO_2 和 SO_2、溶剂、低温、应力和应变、酶和细菌等。

该工程土工膜考虑设置上垫层，主要原因在于：

（1）五家寨水库、幸福村水库和甘蔗山水库位于呼山山顶，风速较大，土工膜存在风吹产生褶皱的风险。

（2）在铺设土工膜期间，工序交错复杂，可能存在机械损伤风险。

（3）工程所在地紫外线较强，日照时间长，不采取保护措施会加速土工膜光氧老化和热氧老化，减少土工膜的使用寿命。

2. 上垫层的设计

根据上述因素，上垫层是为防止土工膜加速老化。膜上保护层是为了防御波浪的淘刷，人畜的破坏、紫外线辐射、风力的掀动等。据已建工程的经验，坝坡保护层采用 C15 混凝土预制块，预制块下设砂石混合垫层（厚 200mm），砂石混合垫层的粒径为 2～30mm，混凝土预制块尺寸为：长 0.5m，宽 0.3m，厚 0.10m。

根据《水利水电工程土工合成材料应用技术规范》（SL/T 225—98）附录 A.3，对水位降落时保护层与土工膜之间的抗滑稳定参数进行计算。在水位降落时，浸润面与库水位同步下降，透水性良好，其

稳定安全系数计算公式为

$$K=\frac{\tan\delta}{\tan\alpha} \tag{5.3}$$

式中 K——稳定安全系数；

δ——保护层与复合土工膜之间的摩擦角，混凝土预制块下设砂碎石垫层，因此砂碎石垫层与复合土工膜接触，大坝上游坝坡比为1∶2.5，$\delta=28°$；

α——土工膜铺放坡角，最大坡角为22°。

经计算可得，$K=1.31$，$[K]=1.25$，$1.31>1.25$，满足规范要求。

5.1.3.4 排水排气设计

1. 五家寨水库

(1) 土工膜渗流计算和地表渗流量。根据《聚乙烯(PE)土工膜防渗工程技术规范》(SL/T 231—98)的规定，在质量合格条件下，土工膜的正常渗透量计算公式为

$$Q_g=kA\Delta H/\delta \tag{5.4}$$

式中 Q_g——土工膜正常渗透量；

k——土工膜渗透系数，设计采用PE膜，取10^{-12}m/s；

A——土工膜渗透面积，105700万m^2；

ΔH——土工膜上下水位差，24.2m；

δ——土工膜厚度，0.0006m。

计算得出$Q_g=0.00426m^3/s$。

土工膜的缺陷渗透量按《土工合成材料应用手册》一书中的公式计算为

$$Q_C=\mu A(2gH_W)^{0.5} \tag{5.5}$$

式中 Q_C——土工膜缺陷渗透量；

A——缺陷面积总和，每$4000m^2$出现1个，等效孔径为1～3mm，取2mm，则$A=3.319\times10^{-4}m^2$；

H_W——水头，24.2m；

μ——一般为0.6～0.7，取0.65。

计算得出$Q_C=0.004698m^3/s$。

两项合计得出：$Q=0.008958m^3/s$，即$Q=773.9712m^3/d$，即为土工膜膜下排水总量。

(2) 膜下排水排气设计。五家寨水库土工膜膜下排水、排气系统由主排水盲沟、次排水盲沟组成。膜下水通过膜下砾石垫层排到次排水排气盲沟再排到主排水盲沟，最终由排水盲沟排到坝下排水管进而排出库区。膜下产生的气体通过膜下砾石垫层排到次排水排气盲沟，再由次排水排气盲沟顶部的排气管排到外部。

1) 主排水盲沟：主排水盲沟沿库底与库岸折坡处布置及上游坡里程0+136.80m、0+240.60m、0+337.52m、0+447.82m、0+540.74m、0+670.50m、0+810.99m、0+929.42m、1+029.42m、1+129.42m、1+229.42m顺坡布置。库底主排水盲沟长总长679m，断面形式为梯形，上顶宽1.5～4.0m，下底宽0.5m，高0.5～1.8m，排水盲沟按1∶200放坡，内回填颗粒均匀的碎石；坝坡主排水盲沟共11条，断面形式为梯形，上顶宽1.5m，下底宽0.5m，高0.5m，从坝顶连通至库底主排水盲沟。

2) 次排水盲沟：次排水盲沟共12条，沿防渗顶线间隔40m布置，由库底中心向两侧布置，接入主排水盲沟，断面形式为梯形，上顶宽1.5～2.0m，下底宽0.5m，高0.5～0.75m，排水盲沟按1∶200放坡，内回填颗粒均匀的碎石。

3) 排气管：上游坝坡顶部设ϕ110mm的PVC管作为排气管，埋入与土工膜下主排水盲沟。排气管顺坡深入库区3.0m，伸出岸坡锚固0.5m。

2. 幸福村水库

(1) 土工膜渗流计算和地表渗流量。根据《聚乙烯（PE）土工膜防渗工程技术规范》(SL/T 231—98)的规定，在质量合格条件下，土工膜的正常渗透量可按公式(5.4)进行计算：代入土工膜渗透面积

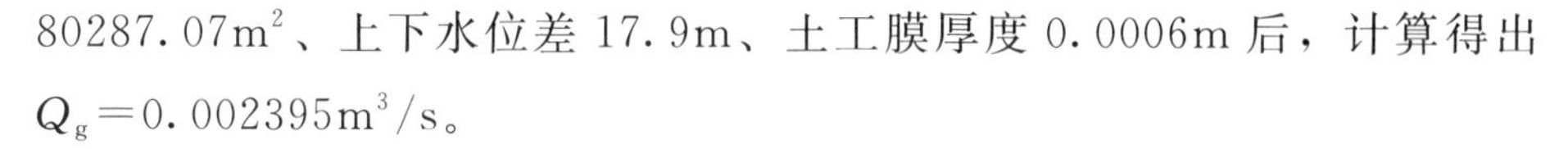

$80287.07\mathrm{m}^2$、上下水位差 17.9m、土工膜厚度 0.0006m 后，计算得出 $Q_g = 0.002395\mathrm{m}^3/\mathrm{s}$。

土工膜的缺陷渗透量按公式（5.5）进行计算，至于缺陷面积总和，每 $4000\mathrm{m}^2$ 出现 1 个，等效孔径为 1～3mm，取 2mm，则 $A = 2.52\times10^{-4}\mathrm{m}^2$；计算得出 $Q_C = 0.003069\mathrm{m}^3/\mathrm{s}$。

两项合计得出：$Q = 0.005464\mathrm{m}^3/\mathrm{s}$，即 $Q = 472.0896\mathrm{m}^3/\mathrm{d}$，即为土工膜膜下排水总量。

（2）膜下排水排气设计。幸福村水库土工膜膜下排水、排气系统由主排水盲沟、次排水盲沟组成。膜下水通过膜下砾石垫层排到次排水排气盲沟再排到主排水盲沟，最终由排水盲沟排到导流输水隧洞。膜下产生的气体通过膜下砾石垫层排到次排水排气盲沟，再由次排水排气盲沟顶部的排气管排到外部。

1）主排水盲沟：排水盲沟分别向两边垂直等高线布置，沿库底低洼处布置，在涵洞末端与输涵管连接。主排水盲沟长总长 241.2m，断面形式为梯形，由于库底坡度为 0，为能让排水盲沟中的水顺流汇集到排水涵洞，故排水盲沟底部放 1∶500 坡度，起始处盲沟底宽 0.5m，高 0.5m，顶宽为 1.5m，末尾排水涵管口处底宽 0.5m，高 1.2m，顶宽为 2.386m，回填颗粒均匀的碎石。盲沟与涵管接口处设置 426mm 螺旋钢管埋入排水盲沟碎石中，管口用土工布包裹再放入涵管进口处结合。

2）次排水盲沟：次排水盲沟共 14 条，沿防渗顶线间隔 30m 布置，共 1153m。顶部设 ϕ110mm 的 PVC 管作为排气管，在土工膜的防滑槽相交处从防滑槽下方穿过，连接到主排水盲沟。放 1∶180 的坡与主排水盲沟相接，起始处次排水盲沟下底为 0.5m，上顶为 1.5m，高为 0.5m，末尾与主排水盲沟结合处下底为 0.5m，上顶为 2.22m，高为 0.861m，再回填颗粒均匀的碎石。

3. 甘蔗山水库

（1）土工膜渗流计算和地表渗流量。根据《聚乙烯（PE）土工膜防渗工程技术规范》（SL/T 231—98）的规定，在质量合格条件下，土工膜的正常渗透量可按公式（5.4）进行计算：代入土工膜渗透面积80287.07m^2、上下水位差16.0m、土工膜厚度0.0006m后，计算得出$Q_g=0.000437m^3/s$。

土工膜的缺陷渗透量按公式（5.5）进行计算，缺陷面积总和，每4000m^2出现1个，等效孔径为1～3mm，取2mm，则$A=1.413\times10^{-4}m^2$，计算得出$Q_C=0.000593m^3/s$。

两项合计得出：$Q=0.00103m^3/s$，即$Q=88.992m^3/d$，即为土工膜膜下排水总量。

（2）膜下排水排气设计。甘蔗山水库土工膜膜下排水、排气系统由主排水盲沟、次排水盲沟组成。膜下水通过膜下砂、碎石垫层排到次排水排气盲沟再排到主排水盲沟，最终由排水盲沟排到库区外。膜下产生的气体通过膜下砂、碎石垫层排到岸坡膜下砂、碎石垫层，再由岸坡膜下砂、碎石垫层排向库岸顶部的排气管进而排到外部，排气管为ϕ110mm的PVC管。

1）主排水盲沟：主排水盲沟沿库底低洼处布置，在里程0+052.00m处由排水盲沟排出库区外。主排水盲沟长总长44.40m，断面形式为梯形，下底宽0.50m，上底宽1.50～2.39m，高0.50～0.95m，回填颗粒均匀的碎石。

2）次排水盲沟：次排水盲沟共4条，沿库区底部间隔18.00m布置，并连接到主排水盲沟。下底为0.50m，上底为1.50～1.90m，高为0.50～0.70m，回填颗粒均匀的碎石。

5.2 土工膜在红罩塘水库工程中的应用

5.2.1 工程概况

红罩塘水库工程库区位于云南省建水县西庄镇，水库距西庄镇12.5km，距建水县城6km。

红罩塘水库工程包括枢纽工程、引水工程及灌溉工程。其中枢纽工程包括大坝、库区防渗、输水涵管。

水库是以灌溉为主、兼顾灌区沿线人饮供水的水利工程，可以解决7390亩农田灌溉及21690人（其中集镇人口15740人，农村人口5950人）和2080头牲畜（其中大牲畜980头，小牲畜1100头）饮水问题，水库年供水量为390.7万m^3，水库总库容为242.8万m^3。

大坝为黏土均质坝，坝顶高程为1436.50m，坝顶长92.0m、宽5.0m，最大坝高为6.84m。坝顶不考虑交通要求，宽5.00m，长92.0m，路面铺设C15混凝土（厚0.2m），其下设砂碎石垫层（厚0.2m）。路面向下游单向排水，排水坡度为2%。坝顶上游设C20混凝土防浪墙，墙厚0.30m、高0.50m。下游侧设M7.5浆砌粗料石路缘（宽0.30m），路缘高出坝顶0.30m，为便于排出路面积水，靠下游路缘侧坝顶面适当向两坝肩倾斜，使积水流向下游岸坡排水沟。上游坡比为1∶2.5，下游坡比为1∶2.25。下游坝坡设一级坡，上游在0+065.17m处设人行踏步。下游坡在0+045.41m处设人行踏步，踏步宽度均为1.2m。上游护坡采用C15混凝土预制块护坡，厚120mm，下设砂碎石垫层（厚500mm）。下游护坡采用草皮护坡，考虑到排水要求，在坝坡和岸坡连接处和戗台内侧设置M7.5浆砌块石排水沟，岸坡排水沟尺寸为40cm×40cm。坝体排水采用棱体排水体。排水棱体顶部高程为1433.70m，宽1.4m（含排水沟），高2.5m，内坡坡比为1∶1.0，外坡坡比为1∶1.5，排水体设两层反滤层，分别为碎石层（厚200mm）、砂层（厚200mm）。坝脚沿排水体设0.4m×0.4m纵向导渗沟，以汇集排水体处的渗水。在0+069.67m处设0.6m×0.6m总排水沟，沟内设量水堰一座。

库区采用土工膜防渗，总面积为157125.56m^2，防渗顶高程为1436.50m，库底高程为1405.85m，最大水头为30.65m。

红罩塘水库本区径流面积为0.8km^2，引水区径流面积为59.8km^2。洪水来临时关闭引水区闸门，不引洪水入库。水库本区300年一遇洪峰流量为 17.0m^3/s，洪量为 12.2 万 m^3，由于洪水小，因此水库不设置溢洪道，采用输水涵管泄洪。

输水隧洞布置在库区南侧，全长 578.0m。隧洞进口高程为 1405.00m，出口高程为 1403.90m。输水隧洞包含洞身段和出口段，洞身段长 550m，出口段长 28m。

输水涵管承担下游灌溉和人饮供水的任务。输水涵管利用输水隧洞经“龙抬头”改造而成。输水涵管由取水口、输水钢管和出口闸室等建筑物组成。输水涵管设计流量 $Q=0.353m^3/s$（其中灌溉输水流量为 0.311m^3/s，供水输水流量为 0.042m^3/s）。输水钢管为 ϕ610mm 螺旋钢管，钢管敷设在输水隧道内，全长 572.9m。

红罩塘水库水源为泸江河左岸支流大关河。大关河径流面积为 71.5km^2，河长 13.2km，比降为 28‰。上游已建有一座响水河水库，规模为小（1）型，水库坝址以上径流面积为 5.9km^2，河长 1.5km，比降为 25‰。经过实地调查分析，响水河水库下游至拟建引水坝区间地形平坦，且淹没区为基本农田，不具备筑坝建库的地形条件。为充分利用水资源，优化配置水资源，拟将大关河水源引至外区调蓄。经过认真踏勘、比选，选定西庄镇小关村观音洞附近具有较好蓄水地形条件的一天然岩溶洼地作为水库库区。红罩塘水库原始地形图与枢纽平面布置图如图 5.4 所示。

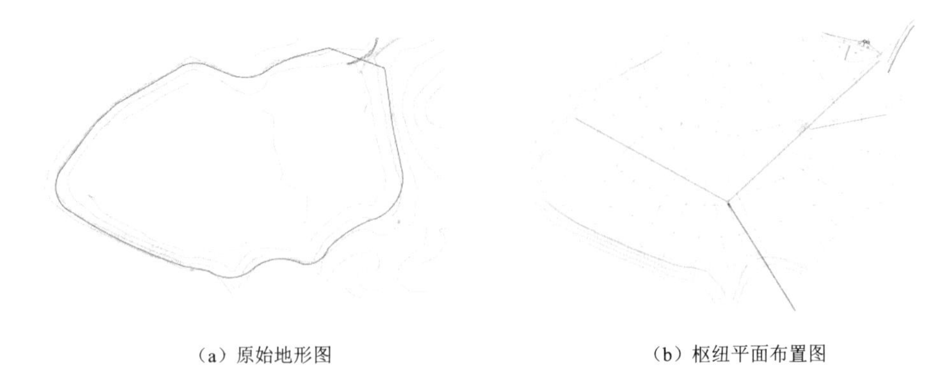

（a）原始地形图　　（b）枢纽平面布置图

图 5.4　红罩塘水库原始地形图与枢纽平面布置图

5.2.2 工程地质条件

1. 库区工程地质条件

(1) 地形地貌及不良物理地质现象。库区地形为四周高库盆低，属构造岩溶洼地地形。四周山顶标高为1450.00～1460.00m，库区蓄水地形条件较好。四周山坡坡度为20°～35°，坡表面覆盖层较薄，大部分基岩出露，坡体基本完整、稳定。

库区四周小冲沟较发育，多为土层冲沟，冲沟底深3～10m，底宽3～15m，口宽5～15m，走向基本与坡向一致，底坡一般较陡。该类型冲沟大部分仍在继续活动之中。沟岸较陡，且部分为松散结构土体，有零星崩坍、塌岸现象，岸坡多被植被覆盖，规模小，对岸坡稳定及库区淤积影响较小。

库区内不良物理地质现象主要表现为岩溶，由于受区域构造应力影响，库区基岩岩溶发育。

据地表调查，未发现溶洞及落水洞，但是地表岩溶较发育，溶沟、溶隙、溶槽发育，而且勘探的时候出现掉钻现象，岩芯溶孔、溶隙发育。因此估计区间内发育有小型溶洞，地下水以管道形式与黄龙寺相连，最终与泉点的形式出露。

库区内尚未发现较大滑坡体，但存在岩溶通道渗漏而对水库工程不利的因素。

(2) 地层岩性。库区内出露地层有古生界泥盆系中统曲靖段及新生界第四系。

1) 古生界泥盆系中统曲靖段。曲靖段（D_2d^q）——灰、深灰色灰岩夹白云岩，岩溶发育。

2) 新生界第四系（Q）。冲坡积层（Q^{adl}）——褐红、橘红色粉质黏土，结构松散-密实，可塑-硬塑，潮湿-湿。含基岩风化碎块，直径为1～10cm，一般占2%～30%，厚度为3.0～24m。主要分布在库区两岸缓坡、低凹部位及库盆中。冲洪积层（Q^{apl}）——褐红粉质黏土夹少量砾石，砾石直径为0.5～12cm，有一定的磨圆度，但分选性差，部分块径呈棱角-次圆状，成分复杂。一般厚1～2.0m，主要山体位于两岸冲沟中。

(3) 地质构造。库区断层迹象不明显，没有发现区域性及较大规模的断层及褶皱。

(4) 水文地质。工程区属构造岩溶洼地地貌。库盆由古生界泥盆系中统曲靖段（D_2d^q）灰岩夹白云岩组成，其上被第四系残坡积（Q^{edl}）和冲洪积（Q^{apl}）土层覆盖。区间地下水补给主要靠大气降雨，来水后入渗地下的部分由岩溶通道向低凹部位运移并以泉点和呈散状排泄于谷底。

1）地下水类型。根据地质构造、地层岩性的空间分布特点和地下水赋存条件，以及水力特征和水理性质，将库区内地下水划分为溶蚀带碳酸盐岩溶水和松散岩类孔隙水两类含水层或透水层。而相对隔水层为白云岩弱风化带及其以下岩体。松散岩类孔隙水指的是第四系残坡积（Q^{edl}）含砂黏土和冲洪积（Q^{apl}）含砂砾石黏土层，因厚度及地下水补给有限，含水性微弱，水量受季节影响变化较大；基岩强、弱风化带碳酸盐岩溶水位于白云岩中，其富水性和运动条件取决于岩溶发育程度，坝址勘探孔揭露，其在一定深度内为强、弱风化层，岩溶发育，透水性较为强烈，是地下水的主要储存场所，故其间存在地下暗河。

在库区及库区外围找到了4次处泉点，库区外围泉点有4个（q1、q2、q3、q4）水库区及临近河谷泉点统计见表5.2。

2）透（含）水层与隔水层。按透水性可将其划分为松散岩类孔隙性透水层、基岩裂隙透水层和基岩相对隔水层。

a）透（含）水层。第四系残坡积（Q^{edl}）粉质黏土，结构松散-中密，渗透系数（K）为9.85×10^{-5}～3.31×10^{-3}cm/s，属弱-中等透水层；基岩强风化层，透水率（q）为21.8～64.4Lu，属中透水层。

b）隔水层。基岩弱风化以及弱风化以下岩体。透水性弱，透水率

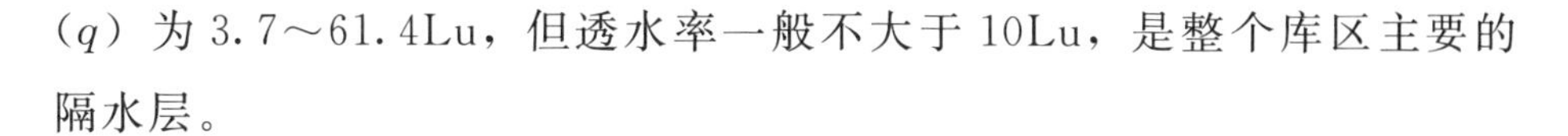

(q)为3.7～61.4Lu，但透水率一般不大于10Lu，是整个库区主要的隔水层。

表5.2　　　　水库区及临近河谷泉点统计

序号	泉点编号	位置	性质	标高/m	层位	流量/(L/s)	属性	备注
1	q1	黄龙寺	上升泉水	1350.00左右	D_2d^q	140.14	长年溢水	
2	q2	张保石寨附近	上升泉水	1400.00左右	T_2g	30.34	长年溢水	
3	q3	张保石寨西边	上升泉水	1400.00左右	C_1d	11.06	长年溢水	
4	q4	水库北方F3断层附近	上升泉水	1410.00左右	D_2d^q	2.75	长年溢水	

2. 库区工程地质评价

(1) 水库区渗漏分析。水库区为岩溶洼地地貌，四周山体单薄，存在低邻谷。库区外围、库区地表地质测绘及钻孔揭露，工程区钻孔没有揭露地下水位，但从区域水文地质图可以看出，红罩塘水库为一个水文分区，附近的地下水位都由小型岩溶通道流向四周。

根据岩性及水文地质条件分析得出以下结论：

1) 库盆底渗漏：库盆底部表层为红色粉质黏土，厚3～24m，下伏基岩为古生界泥盆系中统曲靖段(D_2d^q)灰岩，岩溶发育，经勘探，水库库盆钻孔均无地下水位，且勘查出黏土，注水试验得出黏土渗透系数(K)为9.85×10^{-5}～3.31×10^{-3}cm/s，为中-弱透水层。渗透系数不均匀，表明有一定隔水作用，但长期的话，渗水容易从薄弱地段及渗透不均匀的地方下渗，然后由下伏灰岩的小溶蚀通道排泄出库盆。因此，存在库盆底向库盆外渗漏。

2) 库盆四周山体渗漏：四周山体均有古生界泥盆系中统曲靖段(D_2d^q)灰岩基岩出露，岩溶发育，发育溶隙、溶沟、溶槽，经勘探，库盆四周均无地下水位，因此可能存在向四周渗漏的岩溶通道，又经区域水文地质图分析得出，北东面有一条古生界泥盆系中统双阱段（D_2d^s）石英砂岩、泥质页岩隔断古生界泥盆系中统曲靖段（D_2d^q）灰岩，导致地下水受阻，从正北和正东及北东方渗漏后到达双阱段（D_2d^s）受阻并向四周连通的渗透通道流走；正南方有一条正断层（F2）错断，上盘为古生界泥盆系中统曲靖段（D_2d^q）灰岩，下盘为第三系（N）半胶结砂砾岩、泥岩互层，为阻水断层。地下水顺正南方渗漏时，遇到F2断层，然后顺断层及其他岩溶通道渗漏并在黄龙寺以泉水点冒出；正西面有一条逆断层（F1），为充水断层，地下水顺着岩溶通道渗透到F1断层，然后以小泉点的形式从断层附近冒出，最后也是集中至黄龙寺以大泉眼冒出。

综上所述，水库蓄水后，会向四周的岩溶通道渗透，最终都汇集于黄龙寺并以大型泉眼的形式流出，也可能有更深的岩溶通道，下渗到更远的地方。因此，水库蓄水后存在永久渗漏。

（2）库岸稳定和淤积。库区两岸未发现较大规模滑坡、泥石流、坍塌等不良物理地质现象。

水库建成后，水库回水使沿岸地段自然条件发生显著变化，原来处于相对稳定的残坡积层及干燥的强风化白云岩遭受库水浸泡并引起水文动态变化，使波浪成为地表水流改造岸坡的主要营力。经地质测绘调查，影响水库塌岸的因素如下：

1）库岸地表覆盖层及岩性和地质结构因素。库区地表覆盖层为残坡积层，较薄，现在形成的自然边坡基本稳定，水库蓄水后岸坡易遭受静水袭夺作用，但由于覆盖层薄，不会发生小规模的塌岸现象。库区岩性为灰岩，岩体多呈完整结构，且岩层产状利于岸坡稳定，水库蓄水后岸坡易遭受静水袭夺作用，也不会发生小规模的塌岸现象。

2）库岸形态因素。库岸地形坡度角一般为15°～25°，地形较缓，库岸现状多为低矮的灌木林和杂草，残坡积层较薄，一般为1.0～2.0m。就目前观测，库区未发现近岸严重坍塌等现象，以工程类比经

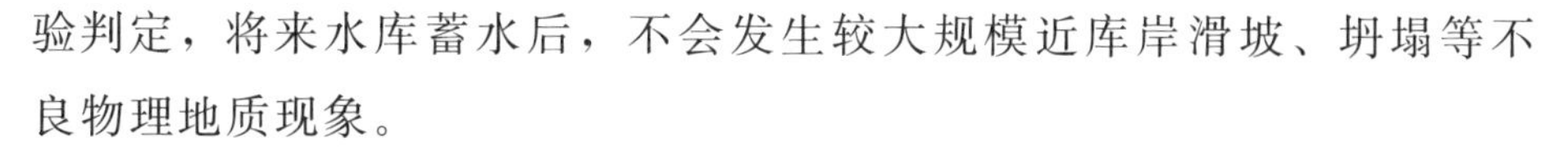

验判定，将来水库蓄水后，不会发生较大规模近库岸滑坡、坍塌等不良物理地质现象。

库区基岩出露，植被较差，根据库区地质结构、地貌条件观察，目前，库区范围内未见较大规模的泥石流、边坡失稳或大型滑坡现象发生，但应加强库区管理。

（3）水库浸没与淹没。库区属岩溶洼地，库盆内正常蓄水位以上岸坡多较缓（坡度为15°～25°），覆盖层较薄（厚1～2m），黏粒含量较低（含量为15%～30%），下部含水层透水性较强，排泄条件好，地下水埋藏深（15～40m），库盆内不存在浸没问题。而库区地质封闭条件较差，库区四周可能存在连通的岩溶通道渗漏，水库蓄水后，改变地下水的补给、径流、排泄关系，蓄水后水库区外围可能存在浸没问题。

库区内未发现有开发价值的矿产及珍稀动物群落，也没有发现历史文物古迹。加上两岸地形及纵坡较陡，回水线向库尾延伸短，仅淹没少量农田、耕地，存在轻微的淹没问题。

（4）库区渗漏处理意见。水库所在位置高于四周，属于悬托型河床，库盆底部表层为红色粉质黏土，厚3～24m，底部黏土应为库区两岸残破积层长期受雨水冲刷至库区堆积而成。下伏基岩为古生界泥盆系中统曲靖段（D_2d^q）灰岩，岩溶发育，经勘探，库盆钻孔均无地下水位，且勘查出黏土，注水试验得出黏土渗透系数（K）为$9.85\times10^{-5}\sim3.31\times10^{-3}$cm/s，为中-弱透水层。渗透系数不均匀，表明有一定隔水作用，但长期的话，渗水容易从薄弱地段及渗透不均匀的地方下渗，然后由下伏灰岩的小溶蚀通道排泄出库盆。因此存在库盆底向库盆外渗漏。库盆四周山体均有古生界泥盆系中统曲靖段（D_2d^q）灰岩基岩出露，岩溶发育，发育溶隙、溶沟、溶槽，经勘探，库盆四周均无地下水位，因此可能存在向库盆四周渗漏的岩溶通道。对此，为使整个库区的防渗保持连续和完整性，需对库盆底部及库盆四周山体进行防渗处理。根据库区整个地质情况，对水平防渗及垂直防渗比较如下：

1）水平防渗：整个库区均为灰岩且存在溶蚀通道，地下水位低，水库位置为排水库区，整个库区范围内的径流经由库区排泄至黄龙寺并以泉水点出露，因此整个库区为一个很大的漏水平台，水平防渗可以对库底及库两岸起到很好的阻隔作用。

2）垂直防渗：整个库区均为灰岩且存在溶蚀通道，地下水位低，水库位置为排水库区，整个库区范围内的径流经由库区排泄至黄龙寺并以泉水点出露，因此整个库区为一个很大的漏水平台，根据勘察，结合野外地质填图，库区隔水层很深，均低于溶蚀通道，在库区北东1.0～1.5km处存在隔水层泥盆系中统坡脚组（D_2p）灰白、灰绿色石英砂岩、粉砂质夹泥质页岩。由于隔水层离库区太远且库底隔水层也非常深，因此垂直防渗不能取到很好的隔水效果。

5.2.3 库区基础处理

库盆底部及四周山坡冲坡积（Q^{adl}）粉质黏土层，结构松散-中密，据《水利水电工程地质勘察规范》（GB 50487—2008）附录G（土的渗透变形判别），可能造成流土破坏，根据确定临界水力坡降的计算公式$J_{cr}=(G_s-1)(1-n)$得知，允许水力比降$J_{允}$为0.66～0.78，透水性不均匀，但总体较大，在存在高水头渗透动水压力（实际水力比降$J_{实}$为0.358～0.497）的情况下，易产生流土变形，稳定性差，在土工膜的持力层部位需全部清除，清基深度为3～24m。下伏基岩为古生界泥盆系中统曲靖段（D_2d^q）灰岩，岩溶发育，经勘探，均无地下水位，为中-弱透水层。渗透系数不均匀，表明有一定隔水作用，但长期的话，渗水容易从薄弱地段及渗透不均匀的地方下渗，然后由下伏灰岩的小溶蚀通道排泄出库盆。因此存在库盆底向库盆外渗漏。库盆四周山体均有古生界泥盆系中统曲靖段（D_2d^q）灰岩基岩出露，岩溶发育，发育溶隙、溶沟、溶槽，因此可能存在向库盆四周渗漏的岩溶通道。对此，为使整个库区的防渗保持连续和完整性，需对库盆底部及库盆四周山体进行防渗处理。

支持层以基岩为持力层，如若开挖后局部出现软弱带，将软弱带清除，回填后承载力满足方可作为持力层。冲洪积层全部清除后，库底开挖会出现大量不均匀的溶洞及溶槽，开挖后出露的溶洞、溶槽采取先回填块石、碎石再回填混凝土的方式填筑。

基础处理方面，考虑到黏土层本身具有一定的防渗作用，开挖时可预留3～5m厚的黏土层作为土工膜的支持层，既可以起到防渗作用，又可减少开挖量。但是由于灰岩强风化层存在大量不均匀的溶洞及溶槽，预留3～5m厚的黏土层后，观察不到灰岩强风化层存在的溶洞及溶槽，不能对其进行处理，蓄水后会有水压力压通土工膜造成永久性渗漏危险，而且预留的3～5m厚的黏土层不经过碾压，也无法达到基础支持层的要求。因此，库底黏土需全部清除。

5.2.4 防渗结构设计

红罩塘水库地处云贵高原的南缘山区，库盆底部表层为红色粉质黏土，厚3～24m，将此层粉质黏土全部清除，清除后及时对溶洞、溶槽进行处理，溶洞和溶槽处理后再碾压回填3～5m厚度的黏土，再铺设土工膜。黏土回填压实度为98%。

库底防渗结构由下至上为3～5m碾压式回填黏土、SNG－PET－10－6土工布、CH－1 7000/0.6（GB/T 17643—2011）土工膜、SNG－PET－10－6土工布、500mm厚黏土层。岸坡防渗结构由下至上为3～5m碾压式回填黏土、SNG－PET－10－6土工布、CH－1 7000/0.6（GB/T 17643—2011）土工膜、SNG－PET－10－6土工布、100mm厚砂垫层、100mm厚碎石垫层、100mm厚预制块。

在岸坡与库底相交处设置护脚挡墙，岸坡上设置防滑槽，坝顶结合防护栏杆基础设置锚固墩，用于土工膜、土工布的锚固。

红罩塘水库设置隔水分区槽，将土工膜分为相对独立的4个区域，每个区域接一根膜下排水管，待水库蓄水后观察不同区域膜下的排水管流量计可知晓漏水区域，从而对库区土工膜进行有针对性的补漏。

根据《水利水电工程土工合成材料应用技术规范》（SL/T 225—98）第 5.2.1 条规定，防渗土工膜应在其上面设防护层、上垫层，在其下面设下垫层。

5.2.4.1 下垫层设计

（1）水库防渗要求。红罩塘水库库底高程为 1405.85m，正常蓄水位为 1434.6m，正常蓄水位水头为 28.75m，防渗面积约为 15.71 万 m^2，其中库底防渗面积约为 2.45 万 m^2。水库的防渗面积较大，工程任务要求水库具有调节性，尽量减少水库渗透渗漏，对水库的防渗要求高。

（2）下垫层结构设计。主要包括以下 2 个方面：

1）库底下垫层设计。库底下垫层设计主要考虑因素如下：

首先，库盆底部及四周山坡表面为冲坡积粉质黏土层，结构松散-中密，可能造成流土破坏，透水性不均匀，但总体较大，在存在高水头渗透动水压力（实际水力比降 $J_{实}$ 为 0.358～0.497）的情况下，易产生流土变形，稳定性差，需全部清除。该层黏土体量大，约为 130 万 m^3，黏土碾压后渗透系数（K）可达 2.85×10^{-7}～3.31×10^{-5}cm/s，有一定防渗作用，加上该层粉质黏土全部挖出后出漏基岩难以平整，若土工膜直接铺设在上面会对膜造成很大伤害，所以在清除完粉质黏土后再回填 3～5m 厚黏土，这样既有一定防渗效果，又对土工膜有保护作用。

其次，红罩塘水库库盆为岩溶渗漏型，水库开挖进行基础处理后，碾压的粉质黏土颗粒极细，土工膜直接与其接触会让膜下气体难以排出，从而对土工膜造成顶破破坏。为避免土工膜因气体遭顶破破坏，在回填后的基础表面设置一层 SNG - PET - 10 - 6 土工布。

最后，水库的防渗要求高，为尽量减少库盆高水头区渗漏量，库底采取低渗透性的材料并与土工膜进行组合防渗，低渗透性材料同时可以发挥保护层作用，保护土工膜不被刺穿。

2）库岸下垫层设计。建水县红罩塘水库库岸粉质黏土挖除后，主要为岩质岸坡。回填碾压3～5m厚黏土后可以作为支持层。

5.2.4.2　土工膜防渗层设计

土工膜防渗层是防渗结构发挥防渗作用的主要结构层，该层的设计包括土工膜材料的选择、土工膜厚度的确定、土工膜的连接和锚固等内容。

（1）土工膜材料的选择。根据5.1.3小节土工膜材料的选择和对土工膜力学特性、温度敏感性、焊缝性、耐久性进行的分析，高密度聚乙烯（HDPE）土工膜较聚氯乙烯（PVC）土工膜具有低温柔性、可焊接性、耐化学腐蚀能力、较好的耐磨性、焊缝少、低造价等优势，综合选择高密度聚乙烯（HDPE）土工膜作为该项目的土工膜。

（2）土工膜厚度的确定。土工膜的厚度直接影响工程质量及其可靠性，为减少水库渗漏，尽可能避免施工破损、水压击穿、地基变形、撕裂土工膜等，要求土工膜须有一定厚度。土工膜的厚度是根据作用水头、下垫层最大粒径、膜的应力和变形几何特征，以及《土工合成材料工程应用手册（第二版）》和《水利水电工程土工合成材料应用技术规范》（SL/T 225—98）附录C中顾淦臣的薄膜理论计算公式计算出来的。根据公式（5.1），红罩塘水库最大水头为30.650m，膜上水压力为300.37kPa，预计膜下地基可能产生的裂缝宽度，根据地质专业选取建议值$b=0.01$m。带入上述数值，计算得出红罩塘水库土工膜所受拉力为2.746kN/m。

1974年，前全苏水工科学研究院在薄膜理论的基础上结合试验提出计算薄膜应力的经验公式，即公式（5.2），水压力为300.37t/m^2，与膜接触的土砂卵石的最大粒径为30mm。

代入水压力、拉应力和允许拉应力计算得出红罩塘水库的土工膜厚度$t=0.5006$mm。为保证水库安全蓄水，减少渗漏量，根据理论计算结果及相关工程经验，红罩塘水库选择0.6mm厚的HDPE土工膜。

（3）土工膜的连接与锚固。

1）土工膜的连接。该工程防渗材料为HDPE土工膜，该材料对温度敏感，具有热塑性，可采取热熔焊接的方式。此外，还可以采取嵌固锚接的方式。由于 HDPE 土工膜黏结性能差，不适合黏结。

根据 5.1.3 小节土工膜焊缝检测分析，该工程土工膜铺设焊接后，3 种检测方法均可以用于土工膜焊缝的检测。

2）土工膜的锚固。该工程土工膜的锚固包括土工膜自身在马道、岸坡的锚固，土工膜与库顶挡墙的锚固，土工膜与输水涵管进口的搭接，库底库岸相交处的搭接等。

库岸土工膜锚固主要考虑以下几个因素：

a）从水库的库盆平面布置来分析，红罩塘水库库底为同一高程，若不是平面则需要考虑分台铺设。

b）根据与市场上生产土工膜的主要厂家沟通得知，目前土工膜厂家吹塑出来的土工膜长度，考虑运输条件和搬运条件，一般在 100m 以内。

c）项目所在地白天温度可到 35℃，夜晚温度一般在 10℃左右，虽然最低气温不低，但是温差比较大，施工时需要考虑施工褶皱。

综合以上几方面的因素，红罩塘水库库底为平面，库底不需要做特殊锚固处理，库岸则需要设置锚固设施。

在岸坡铺设土工膜后需要在膜的端部设置防滑槽对土工膜进行锚固，以防滑槽提供的锚固力保证土工膜在岸坡上的稳定，防止土工膜发生滑移，进而形成结构破坏。尤其是在土工膜上采取保护措施时，上保护层与膜之间产生向下的下滑力，膜与下部垫层产生向上的摩擦力，下滑力与摩擦力之差会使得土工膜收到向下的拖拽作用，此时，需要采取锚固的方法，提供锚固力以阻止土工膜的下滑，保持土工膜的稳定。

土工膜与库顶挡墙采取锚固措施时，土工膜与库顶的连接采用嵌入式连接的方式，在浇筑库顶挡墙混凝土时将土工膜嵌入后再进行浇筑。

库岸与库底交界处采取锚固措施时，库岸与库底相交处设置宽

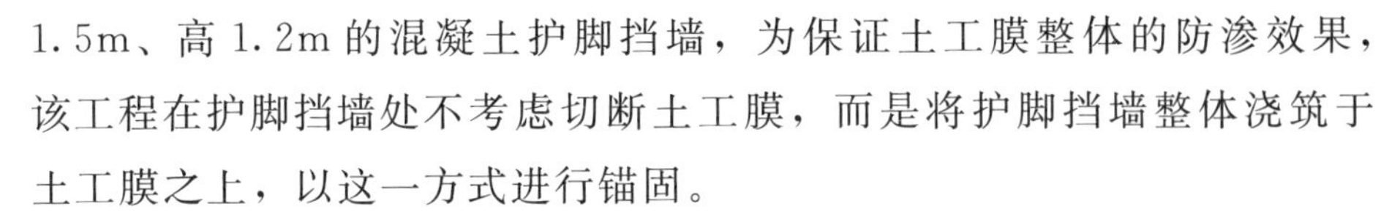

1.5m、高 1.2m 的混凝土护脚挡墙，为保证土工膜整体的防渗效果，该工程在护脚挡墙处不考虑切断土工膜，而是将护脚挡墙整体浇筑于土工膜之上，以这一方式进行锚固。

5.2.4.3 上垫层设计

根据上述因素，上垫层是为防止土工膜加速老化。膜上保护层是为了防御波浪的淘刷，人畜的破坏、紫外线辐射、风力的掀动等。据已建工程的经验，坝坡保护层采用 C15 混凝土预制块，预制块下设砂石混合垫层（厚 200mm），砂石混合垫层的粒径为 2～30mm，混凝土预制块尺寸为：长 0.5m，宽 0.3m，厚 0.10m。

根据《水利水电工程土工合成材料应用技术规范》（SL/T 225—98）附录 A.3，对水位降落时保护层与土工膜之间的抗滑稳定参数进行计算。在水位降落时，浸润面与库水位同步下降，透水性良好，其稳定安全系数按公式（5.3）计算，大坝上游坝坡为 1∶2.5，$\delta=28°$，$\alpha=22°$。

经计算可得，$K=1.316$，$[K]=1.25$，$1.316>1.25$，满足规范要求。

5.2.4.4 排水排气设计

（1）土工膜渗流计算和地表渗流量。根据《聚乙烯（PE）土工膜防渗工程技术规范》（SL/T 231—98）的规定，在质量合格条件下，土工膜的正常渗透量按公式（5.4）计算：土工膜渗透面积为 157125.56m^2，土工膜上下水位差为 30.65m，土工膜厚度为 0.0006m。计算得出 $Q_g=0.008027\text{m}^3/\text{s}$。

土工膜的缺陷渗透量按公式（5.5）计算，缺陷面积总和，每 4000m^2 出现 1 个，等效孔径为 1～3mm，取 2mm，则 $A=4.93\times10^{-4}\text{m}^2$，计算得出 $Q_C=0.00786\text{m}^3/\text{s}$。

两项合计：$Q=0.015887\text{m}^3/\text{s}$，即 $Q=1372.6368\text{m}^3/\text{d}$，即为土工膜膜下排水总量。

（2）膜下排水排气设计。红罩塘水库土工膜膜下排水、排气系统分为4个区域，每个区域被隔水分区槽分开，各自有独立的排水系统，排水排气系统由主排水盲沟、次排水盲沟、膜下排水管组成，膜下水通过次排水排气盲沟排到主排水盲沟，最终由排水管分别排出库区。膜下产生的气体通过膜下砾石垫层排到次排水排气盲沟，再由次排水排气盲沟顶部的排气管排到外部。

1）主排水盲沟：主排水盲沟沿库岸0+010.31m和0+937.79m至隧洞进口的土工膜分区槽两侧分别顺坡布置，共4条。靠0+010.3m的北侧设1区主排水盲沟，靠0+010.3m的南侧设4区主排水盲沟，靠0+937.79m的北侧设2区主排水盲沟，靠0+937.93m的南侧设3区主排水盲沟，库区主排水盲沟总长为1146m，断面形式为梯形，上顶宽1.9m，下底宽0.5m，高0.8m，内置一根ϕ200mm的PVC排水管，排水管管壁以孔梅花形布置，孔距为200mm，孔径为2cm，排水管用土工布包裹一圈后放入主排水盲沟底部，再回填碎石。库底段排水盲沟按1∶500放坡。

2）次排水盲沟：次排水盲沟共26条，其中1区5条、2区6条、3区8条、4区7条，沿防渗顶线间隔30m布置，沿库岸垂直于各区域主排水盲沟布置，接入主排水盲沟，断面形式为梯形，上顶宽1.70m，下底宽0.3m，高0.7m，库底段排水盲沟按1∶500放坡。每间隔一条或两条次排水盲沟放置一根ϕ50mm的PVC在次排水盲沟中，然后回填颗粒均匀的碎石。

3）排气管：上游坝坡顶部设ϕ110mm的PVC管作为排气管，埋入与土工膜下主排水盲沟。排气管顺坡深入库区3.0m，伸出岸坡锚固0.5m。

5.2.5 库区分区排水

红罩塘水库设置隔水分区槽，每个区域设有独立的膜下排水系统。每个区域分别有一条主排水盲沟，各个区域内的次排水盲沟接入相对应区域的主排水盲沟后，渗水通过输水隧洞中的膜下排水管排出库区。

每条膜下排水管各设置一个流量计，待水库蓄水后观察不同区域膜下的排水管流量计可知晓漏水区域，从而对库区土工膜进行有针对性的补漏。

用黏土将土工膜分为相对独立的 4 个区域，库区库盆形状为椭圆，以隧洞进口为中心向库岸分别延伸至 0＋010.3m、0＋466.87m、0＋937.79m、1＋209.15m，从而将库盆分为 4 块扇形，每块面积约为 3.8 万 m^2。先在预定位置开挖成槽，分区槽为梯形断面，下底宽 0.5m，高 1m，上顶宽 1.1m，然后铺设土工膜，再在槽内回填黏土并人工夯实。其中在库岸 0＋010.3m 和 0＋937.79m 分区槽的两侧布置主排水盲沟，靠 0＋010.3m 的北侧设 1 区主排水盲沟，靠 0＋010.3m 的南侧设 4 区主排水盲沟，靠 0＋937.79m 的北侧设 2 区主排水盲沟，靠 0＋937.93m 的南侧设 3 区主排水盲沟，每条主盲沟内设置一条 ϕ200mm 的 PVC 排水管，埋入盲沟部位的排水管壁打直径为 2cm 的空孔，以梅花形布置，孔距为 200mm，排水管用土工布包裹一圈后放入主排水盲沟底部，再回填碎石，伸入隧洞内的膜下排水管不对管壁打孔。

各个区域的次排水盲沟以垂直于各自区域中的主排水盲沟布置，最终膜下水汇入次排水盲沟后流入主排水盲沟，再从各区域膜下排水管排出。在隧洞出口处的每个膜下排水管上安装流量计，以便监测各个区域的渗漏情况。

5.3 工程效益

5.3.1 增益寨水库至烂衙门引水工程效益

工程供水范围为元阳县南沙镇北侧的呼山，呼山左岸为红河，右岸为排沙河。排沙河于南沙县城附近汇入红河，呼山位于两河之间，两河之间最窄距离仅 500m 左右（烂衙门村附近）。从卫星地图上看，呼山以“岛屿”形式位于红河上。呼山最高海拔约为 1019.00m（大六呼山头），最低海拔约为 257.00m（排沙河与红河交汇口），相对高差约为 762.00m。呼山属于红河流域干热河谷地带，多年平均降水量为 1300mm，但是由于呼山植被少，地形陡峭，水利设施少，降水产生的径流均直接流入红河与排沙河，导致呼山严重缺水。呼山片区现有 3 座小型水库，分别为呼山 1 号、2 号、3 号水库，其中呼山 1 号水库为小（1）型水库，其余两座均为小（2）型水库，且水库来水均来自肥香村水库引水，加之 3 座水库地理位置较低，水库兴利库容较小，因此水库供水仅能满足呼山片区的村民用水及小部分耕地的灌溉供水。

早在 20 世纪 90 年代，元阳县就考虑过引水上呼山，“兴农业、绿呼山、帮扶贫、助发展”，因此修建了肥香村水库。但是，由于当时资金短缺等各种因素的制约，水库的修建仅解决了村民的饮水问题及小部分的耕地灌溉问题。呼山片区耕地面积为 4 万余亩，聚集了南沙镇 80%以上的耕地面积，而肥香村水库仅能灌溉 1 万余亩土地，还有 3 万余亩土地缺灌。随着时间的推移，肥香村水库已经不能满足现代农业发展的需求，因此，引水上呼山又重新提上议题。随着党中央对水利建设力度的加大，以及投资的增多，加之政府对呼山缺水问题的重视，在水利发展“十三五”期间，必须解决呼山用水难的问题。根据发展趋势以及红河干热河谷规划报告，呼山片区是重要的经济林木种植区，同时为响应党中央的号召，加快扶贫进度，以及利用当地的地理资源，加大农村经济作物的种植范围，让贫困地区尽快脱贫致富，引水上呼山已经是迫在眉睫的事情，刻不容缓。发展农业，水利先行，因此引水上呼山是必需的、必要的，是乡村振兴的重中之重。

2020 年，元阳县增益寨水库至烂衙门引水工程建成验收，工程由引水总管及总库容为 148.9 万 m^3 的五家寨水库、总库容为 87.7 万 m^3 的幸福村水库、总库容为 24 万 m^3 的甘蔗山水库和供水干管组成。引水、供水管总长 29.5km。设计年引水量可达 574.4 万 m^3，工程建成后有效解决了桃园片区和呼山片区 3.11 万亩耕地的用水问题。目前呼山片区水源工程已经全面完工，片区水资源开发利用率较高，农田灌溉取得全面突破。项目建成后累计带动周边土地流转12000亩，引入产业合作社6个，带动就业岗位2600个，百姓人均增收0.4万元。

5.3.2 红罩塘水库工程效益

建水县属云南省少雨区，全县多年平均降水量仅为800mm，水资源为6.51亿m^3，人均水资源量仅为1219.1m^3，亩均水资源量仅为508.2m^3，低于云南省平均水平，资源性缺水严重。受自然地理和气候条件的影响，境内水资源时空分布不均，旱季雨量仅占全年降水量的20%。

项目区多年平均降水量，经查《云南省1956—2000年多年平均降雨量等值线图》，仅为900mm。根据降雨时空分布特征，每年6—10月，降雨比较集中，占多年平均降水量的80%。枯期的11月至翌年5月降雨较少，占多年平均降水量的20%。

项目区内多年平均蒸发蒸损值为145.3mm，11月至翌年5月，蒸发蒸损值占全年的60%。项目区枯期降水量小，且蒸发较大，季节性缺水问题严重。灌区内水利基础设施薄弱，导致灌区严重缺水。

红罩塘水库控制灌区位于建水县西庄镇的马坊、荒地村委会。灌区所在区域降水量小，降雨时空分布不均匀。灌区虽处在跃进水库跃进大沟的控制范围内，但由于跃进水库现状供水量仅能满足建水县城生活供水及跃进水库至灌区区间内的农业灌溉用水，不能供灌区农业灌溉，因此村民仅能自行用水车拉水浇灌或靠雨水种植，灌区农业灌溉得不到保证，农业灌溉供需水矛盾十分突出。灌区乡镇居民生活用水及牲畜饮水主要是取用井水，水量及水质均不能满足需水要求，特别是遇到枯水年份，灌区乡镇居民生活用水及牲畜饮水就不能解决，乡镇居民生活用水及牲畜饮水变得十分困难。农业生产、生活供需水矛盾十分突出的问题已经严重制约了灌区农村经济的发展和农村居民生活水平的提高。

灌区内现状人口用水主要是取用井水。通过调查，由于人口的增长，耗水量的增加，加上地下水补给量的减少，现状井水已经满足不了人们的需求。同时，水井均是取用浅层地下水，供水方式为分散式供水，不利于管理，水质得不到保障，达不到农村安全饮水的要求，因此必须修建新的水源工程进行集中供水。

根据西庄镇经济社会发展情况，修建红罩塘水库是必要的。

根据西庄镇 2014 年资金收入的统计分析，灌区范围内农村经济年收入均为 6000 万元左右，其中农业收入仅占 12%，人均年收入为 6000 元左右，其中 80%是外出务工创造的收入。由于灌区缺水严重，大部分人选择外出务工，放弃农业种植。根据西庄镇发展规划，未来几年里将大量发展种植业，增加经济果木的种植面积，提高农民经济收入。红罩塘水库总库容为 242.8 万 m^3，建成后可解决 0.739 万亩农田灌溉问题，解决 1.574 万城镇人口、0.595 万农村人口和 980 头大牲畜、1100 头小牲畜的饮水问题。

为此，必须修建水源工程对耕地进行灌溉，这样才能达到增产增收的目的。通过实地调查研究，只有红罩塘水库推荐坝址的位置能够满足灌区灌溉用水的高程要求及水量要求。

第6章

土工膜在开挖型水库中应用存在的问题

前述案例中的土工膜在施工中发现，虽然已经按照施工技术要求中的注意事项即不得将火种带入施工现场；不得穿钉鞋、高跟鞋及硬底鞋在土工膜上踩踏；车辆等机械不得碾压土工膜面及其保护层等进行施工，但经过检查还是发现土工膜在铺设过程中极易受到损伤，并且不容易被发现。综合上述发现的问题，对土工膜的缺陷进行了分析和分类统计，主要为原材料缺陷和施工损伤。本章对减少土工膜损伤的探索进行了总结，并以王家寨水库渗漏检测为例，介绍了在开挖型水库运行期对渗漏问题的检测。

6.1 原材料缺陷

土工膜原材料存在的一些缺陷，主要包括以下几个方面。

(1) 易老化：土工膜原材料在长期暴露在太阳光和空气中，会因为紫外线和氧化作用而导致老化，变脆易碎，缺乏足够的韧性。

(2) 抗拉强度不稳定：土工膜原材料在制造过程中，抗拉强度容易受热处理时间和温度的影响。质量不稳定的土工膜原材料会影响到土工膜的使用寿命和效果。

（3）比重小：土工膜原材料的密度相对较小，难以承受高强度的水压力和水中物质的冲击力，容易发生破裂，影响防渗效果。

（4）热收缩率高：土工膜原材料的热收缩率相对较高，当温度变化较大时，易产生拱起和裂缝。

为避免以上缺陷，需要选用具有高质量的土工膜原材料，并在施工过程中要按照要求进行操作，确保土工膜的使用寿命和效果。

6.2 施工损伤

土工膜在施工过程中可能会发生的一些损伤，主要包括以下几个方面。

（1）划伤、穿孔：在硬质基面上未放置适当厚度的填料或其他防护层时，土工膜受到摩擦或机械剪力时易出现划伤和穿孔等问题。

（2）热熔损伤：在焊接过程中，如果温度过高或焊接时间过长，容易对土工膜造成热熔损伤，影响防渗性能。

（3）断裂：在悬垂空间上安装土工膜时，如果荷载不均匀或超过了土工膜所能承受的范围，容易导致土工膜断裂。

（4）腐蚀：在酸碱性环境下，土工膜受到浓度过高的化学物质侵蚀时，容易发生腐蚀损伤，引起渗漏。

为避免上述问题，常规应采取以下措施：①在土工膜上铺设适当的填料或其他防护层，避免划伤或穿孔；②控制好施工温度和焊接时间，确保焊接质量和防渗性能；③根据实际荷载要求选择合适的土工膜厚度和荷载能力，避免出现断裂；④对于易腐蚀的情况，需选用耐酸碱的土工膜，并控制化学物质的浓度和用量，防止腐蚀。

6.3 减少土工膜损伤的探索

为了进一步严格控制进厂土工膜的质量和减少施工时对土工膜造

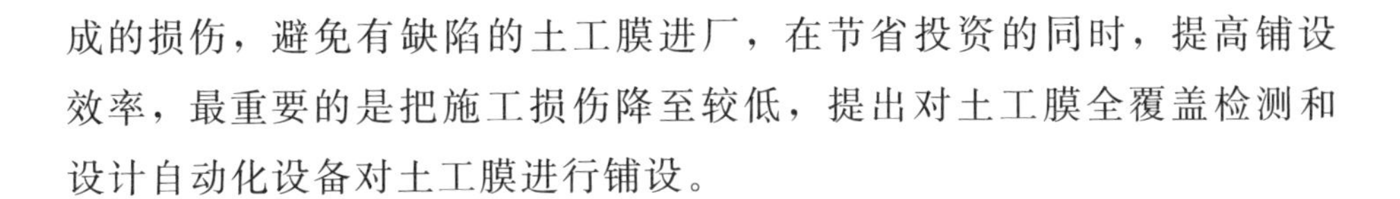
成的损伤，避免有缺陷的土工膜进厂，在节省投资的同时，提高铺设效率，最重要的是把施工损伤降至较低，提出对土工膜全覆盖检测和设计自动化设备对土工膜进行铺设。

6.3.1 对土工膜全覆盖检测

针对土工膜质量的检查，保障使用的土工膜质量，红河州水利水电工程地质勘察咨询规划研究院设计了两款检测设备。具体为加压式土工膜检测机和电击式土工膜检测机。

1. 加压式土工膜检测机

对土工膜原材料的检测主要采用设计了土工膜的自动检测系统及检测方法，该自动检测系统及检测方法能够方便、快速、准确地对土工膜上的破损进行检测。

（1）为了实现上述目的，该检测机包括：

1）检测框架，检测框架的上方设有上框架，上框架通过多根立轴与检测框架相连接。检测框架内设有多根横隔梁和多根纵隔梁，横隔梁和纵隔梁相互交错在检测框架的内部形成多个压力检测区，纵隔梁的上方设有中间压紧块，上框架上于中间压紧块的上方设有中间压紧油缸，中间压紧油缸与中间压紧块相连接。

2）框式密封座，设置在检测框架的边框顶部，框式密封座上开设有注水孔，检测框架的两侧设有密封座升降机构，密封座升降机构与框式密封座相连接。

3）土工膜压紧块，设置在框式密封座的上方，上框架上安装有压紧块升降机构，压紧块升降机构与土工膜压紧块相连接。

4）土工膜收放动力组，设置在检测框架的一端，土工膜收放动力组用于将待检测的土工膜送入检测框架与框式密封座之间以及框式密封座与土工膜压紧块之间，并将检测后的土工膜进行收卷。

5）密封座升降机构包括密封座升降油缸，检测框架的两侧分别安装有多个密封座升降油缸，密封座升降油缸的活塞杆与框式密封座相连接。

密封座升降机构还包括顶升弹簧，检测框架的两侧分别安装有多个顶升弹簧，顶升弹簧的一端与框式密封座相连接。

6）压紧块升降机构包括安装在上框架上的多个压紧块升降油缸，压紧块升降油缸的活塞杆与土工膜压紧块相连接。

7）自动检测系统还包括液压油路系统，液压油路系统包括液压油供应装置，液压油供应装置的出料端与第一电磁换向阀相连接，第一电磁换向阀通过多个第一分流集流阀分别与多个密封座升降油缸相连接；液压油供应装置的出料端还与第二电磁换向阀相连接，第二电磁换向阀通过多个第二分流集流阀分别与多个压紧块升降油缸相连接；液压油供应装置的出料端还与第三电磁换向阀相连接，第三电磁换向阀通过多个第三分流集流阀分别与多个中间压紧油缸相连接。

第一电磁换向阀包括第一密封座升降换向阀和第二密封座升降换向阀，第一密封座升降换向阀和第二密封座升降换向阀分别与液压油供应装置的出料端相连接；第一密封座升降换向阀通过多个第一分流集流阀分别与靠近检测框架的端部的多个密封座升降油缸相连接；第二密封座升降换向阀通过多个第一分流集流阀分别与中间的多个密封座升降油缸相连接。

8）检测框架的前端沿检测框架的长度方向安装土工膜送料转轴，检测框架的后端沿检测框架的长度方向安装土工膜回料转轴；土工膜收放动力组包括底座，底座上转动安装土工膜送料辊和土工膜收料辊，底座上还设有驱动土工膜送料辊和土工膜收料辊转动的土工膜收放电机。

（2）该自动检测机的使用方法如下：

通过土工膜收放动力组将土工膜送入到检测框架与框式密封座之间，将土工膜从检测框架远离土工膜收放动力组的一端绕过框式密封座，然后将土工膜送入框式密封座与土工膜压紧块之间。

通过密封座升降机构驱动框式密封座下降，将框式密封座以及位于下层的土工膜压紧在检测框架上；通过压紧块升降机构驱动土工膜压紧块下降，将土工膜压紧块以及位于上层的土工膜压紧在框式密封座上；从而使得位于检测框架与框式密封座之间的土工膜和位于框式密封座与土工膜压紧块之间的土工膜中间形成密封的测压空间。

通过中间压紧油缸驱动中间压紧块下降，将测压空间分成多个连通的小测压腔。

通过注水孔向两层土工膜中间形成的密封测压空间内注入水，当密封空间内达到设定水压后，停止注水，检测测压空间内的水压是否随时间下降；若水压保持稳定，则表示被测区域的土工膜上没有破损；若水压下降，则表示被测区域的土工膜上存在破损。

通过土工膜收放动力组将测完的土工膜进行收卷，并进行下一被测区域的土工膜的送入。

进一步地，通过密封座升降机构驱动框式密封座下降，将框式密封座以及位于下层的土工膜压紧在检测框架上，具体是指：先通过靠近检测框架的端部的多个密封座升降油缸驱动框式密封座的端部下降，将位于下层的土工膜压紧在检测框架上；然后通过中间的多个密封座升降油缸将框式密封座和位于下层的土工膜进一步压紧在检测框架上。

应用本发明的技术方案，通过设置检测框架、框式密封座、土工膜压紧块和土工膜收放动力组，将框式密封座设置在检测框架的边框顶部，在框式密封座上开设注水孔，设置密封座升降机构与框式密封座连接，将土工膜压紧块设置在框式密封座的上方，并且设置压紧块升降机构与土工膜压紧块连接；对土工膜进行检测时，先通过土工膜收放动力组将土工膜送入到检测框架与框式密封座之间，然后将土工膜绕过框式密封座送入框式密封座与土工膜压紧块之间，通过密封座升降机构驱动框式密封座下降，将下层的土工膜压紧在检测框架上；通过压紧块升降机构驱动土工膜压紧块下降，将上层的土工膜压紧在框式密封座上；使得上下两层土工膜中间形成密封的测压空间；然后通过注水孔向两层土工膜形成的测压空间内注入水，当密封空间内达到设定水压后，停止注水，检测测压空间内的水压是否随时间下降；若水压保持稳定，则表示被测区域的土工膜上没有破损；若水压下降，则表示被测区域的土工膜上存在破损；测完一个区域后，通过土工膜收放动力组将测完的土工膜进行收卷，并进行下一被测区域的土工膜的送入。该自动检测系统能够方便、快速、准确地对土工膜上的破损进行检测。

加压式土工膜检测机利用密封装置将土工膜对折密封，让土工膜形成密闭空间，再往内部进行充水，观察外接压力表，可确定土工膜能承受的最大压力。如果土工膜有缺陷、漏洞，则里面的力水会往该处漏出，从而找出土工膜破损点。如遇土工膜没有孔洞，而是在生产过程中有薄弱部分，或者在热复合土工膜过程中受热不均、人工拉扯不均造成的薄弱、褶皱现象，肉眼难以分辨，而通过土工检测装置加压过程就可把该薄弱部分准确找到。该设备的优点在于能准确找到土工膜受损及薄弱部位，缺点在于需要反复实验得出不同土工膜的抗压能力，压力高于该承受范围，容易对土工膜造成损坏。需要充水加压，增加复合土工膜重量，操作难度大。

2. 电击式土工膜检测机

在土工膜（或复合土工膜）的制造过程中，土工膜容易由于受热不均匀，导致土工膜局部产生变形破损等现象。目前常用的土工膜的检测方式为实验室检测，抽样取样送至实验室，对该批次土工膜样品进行检测，但现实工程中仅是送检样品是完好的土工膜，不能保证用于工程中的每一块土工膜的质量都是合格的。而且运至工地的土工膜缺陷通常只能由人工肉眼观察检测，由于土工膜的破损处可能很小，人工检测难以发现问题所在，目前尚没有可靠的相关检测设备能对土工膜进行全面的检测，导致用于库区或大坝铺设时会出现不合格产品。为了减少加压式土工膜检测机在加压过程中对土工膜造成的损伤，设计了电击式土工膜检测机，原理为高压放电电极，包括相对位置设置的正电极和负电极，土工膜为绝缘体置于正电极和负电极之间，通过

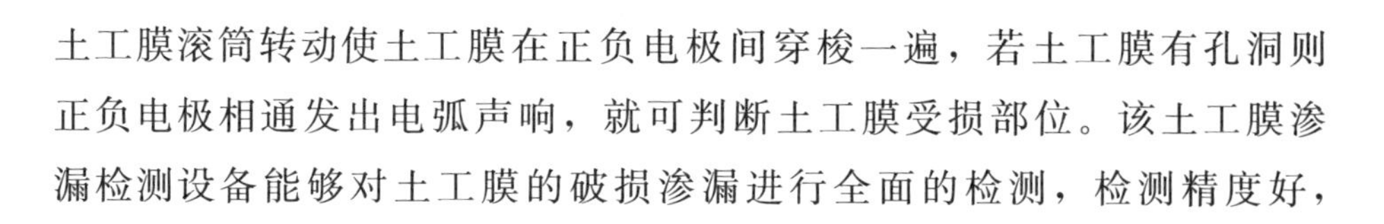

土工膜滚筒转动使土工膜在正负电极间穿梭一遍，若土工膜有孔洞则正负电极相通发出电弧声响，就可判断土工膜受损部位。该土工膜渗漏检测设备能够对土工膜的破损渗漏进行全面的检测，检测精度好，检测效率高。

（1）电击式土工膜检测机设备，包括：

高压放电电极，安装在机架上，高压放电电极包括相对设置的正电极和负电极，正电极和负电极间隔形成供土工膜通过的间隙。

第一传动滚筒，可转动地安装在机架上。

第二传动滚筒，可转动地安装在机架上，且第一传动滚筒和第二传动滚筒分别位于高压放电电极的两侧。

机架上设有第一土工布安放辊和第二土工布安放辊，第一土工布安放辊和第二土工布安放辊分别可转动地安装在第二传动滚筒的两侧。

机架上设有第一导向辊和第二导向辊，第一导向辊和第二导向辊分别安装在高压放电电极的两侧，第一导向辊和第二导向辊的上沿与正电极和负电极之间的间隙高度平齐。

机架上于高压放电电极的一侧设有一补漏操作平台。

机架上于高压放电电极和补漏操作平台的下方设有一配电操作柜，高压放电电极与配电操作柜相连接。

（2）与现有技术相比，电击式土工膜检测机具有以下有益效果：

1）电击式土工膜检测机通过高压电火花进行检测，检测灵敏度高、检测全面性好，土工膜上针孔大小的孔口都能检测出来，很好地解决了土工膜人工检测不到位和难以检测的问题。

2）电击式土工膜检测机可对土工膜进行整卷连续检测，检测效率高，检测一卷土工膜仅需约 30min（不包括修补时间）。

3）电击式土工膜检测机操作简单，无需特殊工种操作，破损渗漏点被电弧烤黑，方便找出并进行修补。

4）电击式土工膜检测机的宽度可根据需检测的土工膜的宽度进行设计，满足对土工膜的全面检测需要，并且该设备可拆分搬运到施工项目处，无需固定在实验室，使用灵活方便。

通过现场检测，上述两个土工膜检测设备对土工膜检测取得较好的效果。

6.3.2 土工膜自动化铺设设备

为实现减少土工膜铺设作业的人工投入、降低施工成本、提高施工质量和施工效率等目的，设计了土工膜自动化铺设设备，包括：①运输轨道，设于待铺设工作面的上方；②龙门上料工作车，设于运输轨道的一端；③施工铺设工作车，可滑动的设于运输轨道上，以在待铺设工作面上铺设支持层、土工膜及保护层；④送料车，可滑动的设于运输轨道上，以将支持层材料和保护层材料从龙门上料工作车输送至施工铺设工作车。

(1) 施工铺设工作车包括：

1) 施工铺设工作车底架，可滑动地设于运输轨道上，施工铺设工作车底架的一侧设有土工膜卷筒安装工位。

2) 支持层材料送料螺旋，安装在施工铺设工作车底架上，支持层材料送料螺旋的出料端从施工铺设工作车底架的一侧伸出。

3) 支持层材料料槽，安装在施工铺设工作车底架上，以接收送料车输送的支持层材料并将支持层材料送至支持层材料送料螺旋。

4) 旋转撒铺机，安装在支持层材料送料螺旋的出料端下方，以将支持层材料送料螺旋内的支持层材料铺撒在待铺设工作面上。

5) 保护层材料铺设桁架，安装在施工铺设工作车底架上。

6) 移动托盘推拉机构，安装在保护层材料铺设桁架上，以将装有保护层材料的移动托盘从送料车上拉到施工铺设工作车上。

7) 保护层材料铺设机构，安装在保护层材料铺设桁架的上方，以将移动托盘内的保护层材料铺设在待铺设工作面上。保护层材料铺设机构包括：①铺设吊架，设于移动托盘推拉机构的上方，并从施工铺设工作车底架的一侧伸出；②保护层材料电动葫芦，可滑动地安装在

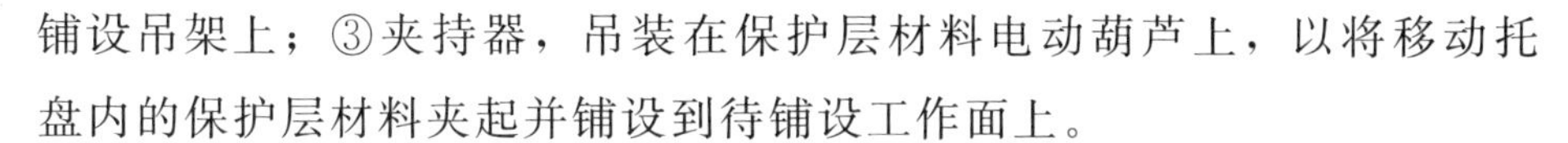

铺设吊架上；③夹持器，吊装在保护层材料电动葫芦上，以将移动托盘内的保护层材料夹起并铺设到待铺设工作面上。

8）移动托盘吊架，安装在移动托盘推拉机构的上方，以将空的移动托盘从施工铺设工作上吊至送料车上。

（2）送料车包括低层送料及轨道拆装车和高层送料车。

1）低层送料及轨道拆装车包括：①低层送料车底框架，可滑动地设于运输轨道上；②低层送料装料箱，设于低层送料车底框架上，低层送料装料箱的一端铰接安装在低层送料车底框架上，低层送料装料箱内设有移动托盘支撑架，低层送料装料箱的另一端与一低层送料液压油缸的活塞杆铰接，低层送料液压油缸的另一端铰接安装在低层送料车底框架上；③轨道拆装吊架，可拆卸地安装在低层送料车底框架上，轨道拆装吊架从低层送料车底框架的一侧伸出；④轨道拆装电动葫芦，可滑动地安装在轨道拆装吊架上，以吊装运输轨道。

2）高层送料车包括：①高层送料车底框架，可滑动地设于运输轨道上，高层送料车底框架的架空高度高于低层送料车底框架和低层送料装料箱的整体高度；②高层送料装料箱，设于高层送料车底框架上，高层送料装料箱的一端铰接安装在高层送料车底框架上，高层送料装料箱的另一端与一高层送料液压油缸的活塞杆铰接，高层送料液压油缸的另一端铰接安装在高层送料车底框架上。

高层送料装料箱与高层送料车底框架铰接的一端设有一活动门板，活动门板的上沿与高层送料装料箱的上部铰接，活动门板的上部设有一连接块，连接块与一门板开关调节拉杆的一端铰接，门板开关调节拉杆的另一端铰接安装在高层送料车底框架上。

（3）龙门上料工作车包括：①龙门架，设于运输轨道的一端；②吊装电动葫芦，安装在龙门架上，以将支持层材料和保护层材料从材料运输车上吊装到送料车上；③顶部牵引绞车，安装在龙门架的顶部；④改向轮，安装在龙门架的下部；⑤拉绳，缠绕设置在顶部牵引绞车上，拉绳绕过改向轮与施工铺设工作车和送料车相连接；⑥履带移动底盘，龙门架设于履带移动底盘上。

(4) 与现有技术相比，本实用新型具有以下有益效果。

1) 土工膜自动化铺设设备，能够有效地减少人工投入，降低施工成本，铺设100m²的土工膜，原来人工铺设需投入40人左右，采用本实用新型的土工膜铺设系统后只需8人即可完成铺设工作；并且该设备的耗电量不大，加上设备的损耗，大约能节省原来人工铺设成本的40%。

2) 土工膜自动化铺设设备，在铺设质量方面也有很大的提升，所有施工作业人员均不在铺设好的土工膜上作业，有效地减少了人为对土工膜的破坏，材料的铺设均是机械设备轻拿轻放，减少了材料之间的碰撞。

3) 土工膜自动化铺设设备，铺设成果的标准化较强，设备施工前可以先做试验，调整设备参数，使其铺设满足工程设计要求后，再进行全面铺设，铺设标准统一，减少了人工铺设中施工人员差异带来的铺设效果差异。

6.4 水库运行期对土工膜的渗漏检测

通过施工期间对土工膜本身及施工方法的改进，已尽可能地减少了对土工膜的损伤，但在一些开挖型水库中应用土工膜后，发现水库蓄水后出现了部分渗水的现象，需要对该水库进行全面观测分析，对水库中的土工膜进行渗漏检测。以下为五家寨水库渗漏检测的工程案例，说明此类情况下的检测方法及注意事项。检测方法为伪随机流场法。

6.4.1 检测原因

王家寨水库自整体建成蓄水后，在水库外围东北侧冲沟和东南侧冲沟出现渗漏现象。若水库继续高水位运行，可能造成现有渗漏位置的冲沟发生侵蚀破坏，因整体水库位于冲沟上游山顶，冲沟发生溯源侵蚀破坏的持续发育直接威胁水库整体的安全。鉴于水库漏水可能会造成的严重后果，针对水库采用的土工膜水平防渗的方式，需要对水库整体防渗土工膜进行无损的渗漏检测，从而选择以流场模拟电场的伪随机流场法，检测设备为 DLD-20 堤坝管涌渗漏检测仪。

6.4.2 伪随机流场法检测原理

伪随机流场法是一种检测渗漏分布特征的方法。该方法，其实质是利用特殊波形电流场——伪随机电流场与渗流场之间在数学形式上的内在联系，从而确立电流场和渗流场分布形态之间的拟合关系，通过检测电流场的分布达到检测渗流场分布的目的。事实上，由于漏水通道的导电性较好，渗流场的边界条件与电流场的边界条件是一致的，通过在检测现场适当布置电流场，用电位差模拟水头差，那么就可以通过检测电流场的分布达到检测渗漏来源的目的。其检测原理示意如图 6.1 所示。该方法曾在“中国国电深溪沟大坝渗漏检测”等多项综合地球物理渗漏检测项目中应用，所得结果与钻孔资料吻合程度高。

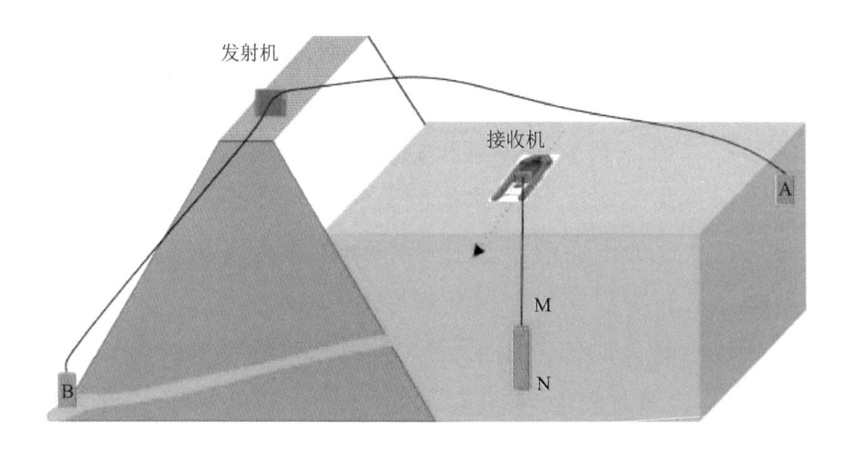

图 6.1 伪随机流场法检测原理示意图

6.4.3 检测目的及工作任务

(1) 检测的目的是：①探明渗水区域与库水的水力联系，以检测出库水在坝面的精确入渗位置即土工膜的破损位置，为下步库区进行防渗堵漏的设计提供依据；②在后续的施工过程中对渗漏点检测成果的准确性进行复核，以总结改进试验方法及设备。

(2) 工作任务是：利用伪随机流场法先全面检测坝面各段区域的渗漏情况，然后对重点区域布置测线进行多批次的复核检测，最后对数据进行分析处理，给出渗漏点分布位置图。

6.4.4 现场检测

为了保证渗漏检测成果的准确性，对水库进行初步检测和确认检测两次渗漏检测工作。

(1) 初步检测为渗漏区域大致范围的初步确定检测，检测时间为2022年11月28日至2022年11月30日，共布置测线75条，测线布置顺水库水面较窄的南北方向，测线间距约3m，测线布置范围宽度约425m，检测时库水位高程1030.58m。检测过程为：将探头固定在船尾，从测线的一端开始缓慢移动，检测过程要确保探头离底部坝面始终存在约10cm的间隔。在移动过程中随时关注仪表电位差数据的显示，当仪表显示电位差数据在某个位置开始随探头的移动而逐步增大，在某处达到最大值，其后逐步减小到背景场值的现象时，记录异常段的空间位置信息及该测线的总体检测数据，然后在其他测线重复以上工作，最后在水库的平面图上连接相邻测线的异常段端点形成异常区的大致范围，最终绘制成渗漏检测成果图。

(2) 确认检测为局部范围渗漏点准确位置的精确检测，设计检测精度约10cm，检测时间为2022年12月15—17日，测线总长约280m，共进行6次重复检测，检测时库水位高程1017.50m。为了方便及快速地验证渗漏点检测成果的可靠性，测线的布置按照仪器探头检测深度最大为水下 2m 的原则，将测线基本平行于水位线并距离岸边 3m 的位置布置。为确保检测船只沿测线运动及检测探头的稳定，采用固定长度绳索在岸上牵引船只侧面并保持绳索拉紧，而且船上以撑杆确保船只不在运动方向前后左右晃动。测线的位置选择是以相距外侧渗漏点最近的库内坝面为原则，因检测时库内水深较浅仅在水库东北侧的冲沟内存在渗漏，所以此次检测测线布置在库内东北侧的坝面处。检测过程为：将探头固定在船尾，从测线的一端开始缓慢移动，检测过程要确保探头离底部坝面始终存在约 10cm 的间隔。在移动过程中随时关注仪表电位差数据的显示，当仪表显示电位差数据在某个位置开始随探头的移动而逐步增大，在某处达到最大值，其后逐步减小到背景场值的现象时，反复在该数值异常段移动探头，确认最大异常电位差数值出现的位置，然后在该位置固定船只，以异常点位置为中心，不小于 1m 直径的范围内缓慢移动探头，反复确认仪表电位差数据的变化，直至找到该处范围内异常电位差数据的准确位置、编号并记录地理坐标。最后对点位进行成图处理，形成检测成果图。

6.4.5 检测成果

初步检测背景场电位差为 0.010～0.030mV，异常点电位差为 0.100～0.400mV，其中接近 0.400mV 的异常点主要分布在Ⅰ、Ⅲ渗漏区域，在北侧坝面接近内坝脚位置。初步检测渗漏点见图 6.2。

确认检测背景场电位差为 0.050～0.100mV，异常点电位差为 0.20～0.600mV。其中电位差 0.400mV 以下的异常点主要分布在 5～9 号渗漏点，电位差 0.400mV 以上的异常点分布在 1～4 号渗漏点。确认检测渗漏点见图 6.3，渗漏点编号及对应电位差见表 6.1。

表 6.1　　确认检测数据汇总表

渗漏点编号	1号	2号	3号	4号	5号	6号	7号	8号	9号
电位差/mV	0.400～0.600				0.250	0.250	0.350	0.200	0.200

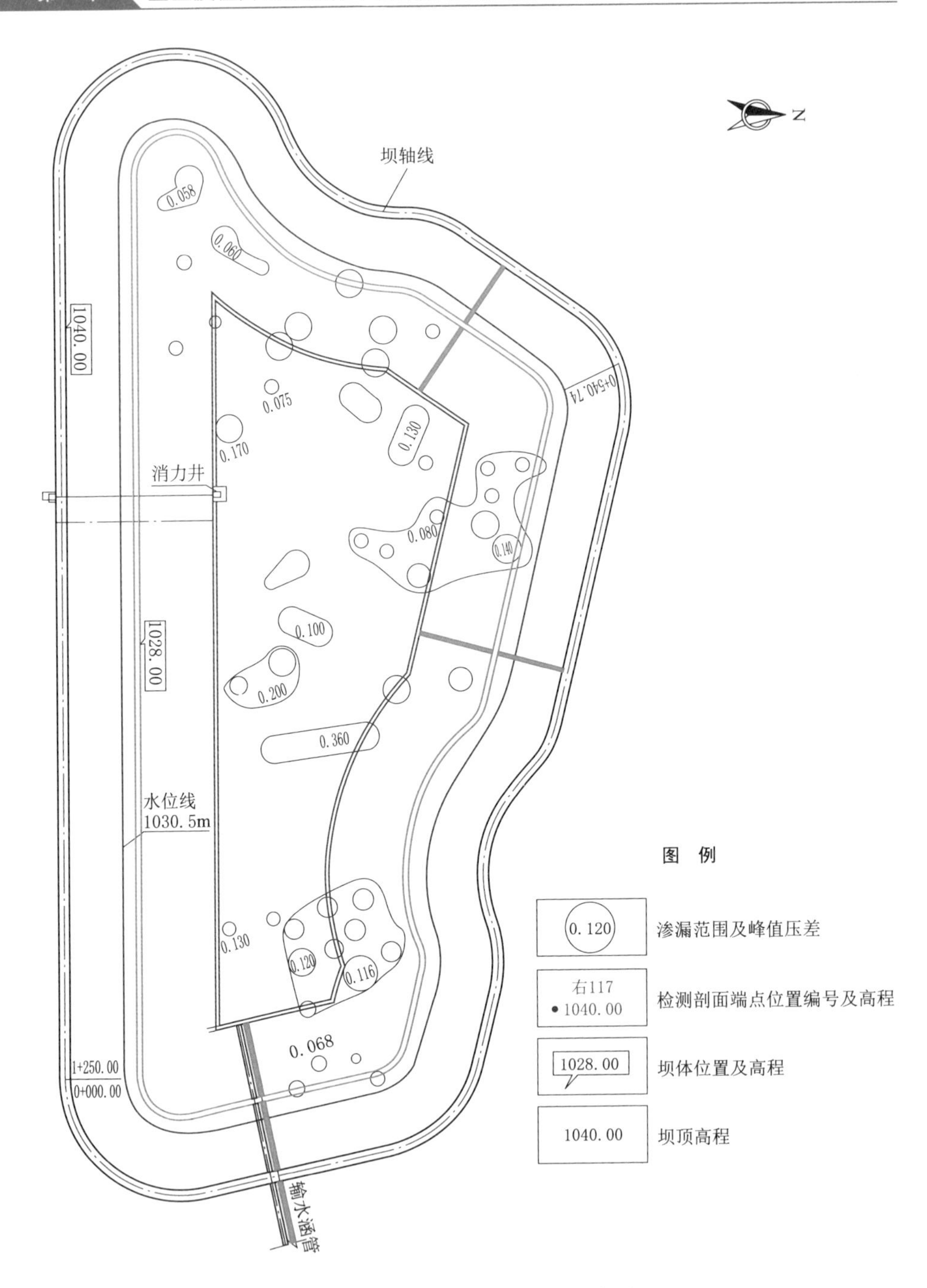

图 6.2 初步检测渗漏点示意图

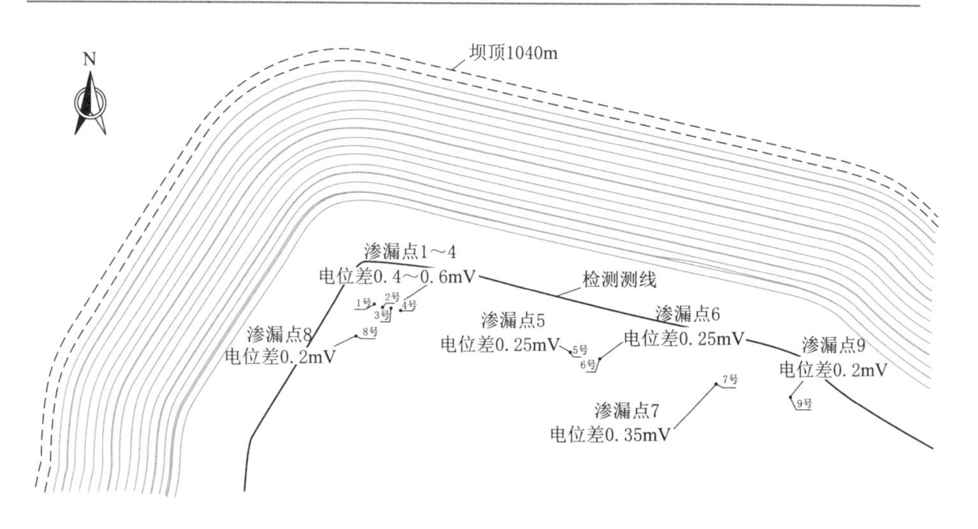

图 6.3 确认检测渗漏点示意图

6.4.6 成果复核

基于两次检测成果，共进行了两次现场复核。确认检测可视为对初步检测成果的进一步复核。本节主要对确认检测成果进行复核，结论如下。

(1) 大部分渗漏点在坝面开挖后发现，土工膜的破损点与检测出的渗漏点基本一致，位置误差保持在 10cm 内，如 1 号、2 号渗漏点的主要特征表现为，土工膜的破损点上方仅有坝面预制块覆盖，且土工膜的破损开口较大，可达 3～10cm，周围形成 1～1.5m 直径的下沉凹陷地形，深度约 0.5m，如图 6.4～图 6.7 所示。

(2) 3 号渗漏点在开挖后未见到土工膜上存在破损点，但该位置西侧 1m 处已发生因漏水造成的严重塌陷，直径达 2m，深度约 1m，且电位差与 1 号和 4 号渗漏点接近，说明此处肯定存在与 1 号和 4 号渗漏点基本相当的渗漏现象。但因在塌陷坑内存在厚约 0.5m 的砂砾石夹淤泥层，初步判断该渗漏点反映的漏水现象是客观存在的，由于塌陷坑内的砂砾石夹淤泥层的影响，造成检测出的渗漏点位置与实际漏水位置偏离，表现在了实际破损位置附近砂砾石夹淤泥层较薄且水流能沿着土

图6.4 塌陷区

图6.5 土工膜破损之一

图 6.6 土工膜破损之二

图 6.7 土工膜破损之三

工膜与垫层的间隙流动的位置。2号渗漏点的分布与3号渗漏点相当，均处于塌陷区边缘位置，且2号渗漏点处于塌陷区西侧，3号渗漏点位于塌陷区东侧，两个位置对称分布，所以对2号渗漏点的解释与3号渗漏点一致，均为该处渗漏点的边缘入水口位置，并非实际的膜破损点位置。

(3) 其余5～9号渗漏点的复核，在点位处揭开约1m² 的预制块，铲除下部厚度约10～20cm的砂砾石垫层，未在点位处发现土工膜破损点。综合各种影响因素，可以作出以下三种推断：第一种，此几处不存在土工膜破损点，数据为设备的异常显示造成，但在进行的6次重复测量工作中，此几处异常点均存在，且电位差基本一致，所以这种情况可能性很低；第二种，此处存在金属等良导体，良导体较水的导电性好，在导体中电场密度较水中大，影响了探头的检测；第三种，鉴于3号渗漏点的分析，且5～9号渗漏点电位差较小，在0.250mV左右，基于设备的电压差模拟水头差的原理，此几处的渗漏流量是小于1号和4号渗漏点的，所以土工膜的破损尺寸一定小于1号和4号渗漏点，而3号渗漏点收到垫层的影响造成检测的点位偏离实际破损位置，此几处的土工膜破损点存在但位置在相对3号渗漏点更远一点的位置，且高程较测得的渗漏点低。

6.4.7 检测结论

(1) 初步检测的渗漏区域与确认检测的渗漏点基本重合，但因初步检测时测线的布置间距较大使得成果精度较低，造成渗漏区域范围标记过大，确认检测时对该区域进行了确认。

(2) 在两次检测后，现场进行成果复核时表明，本次检测能够很好地显示出较大流量且渗漏点裸露的渗漏点位，但各种能够影响水流运移的因素均会造成检测结果的偏差。

第7章

总结与展望

在开挖型水库中，土工膜可以广泛应用于防渗工程中。与传统的防渗材料相比，土工膜具有施工便捷、强度高、耐化学腐蚀、耐老化性好等优点。同时，土工膜的防渗效果也受到了广泛的认可。土工膜在开挖型水库中的防渗应用可以分为以下两种形式。

首先，土工膜可以单独作为防渗层。当水头较小时，常常采用土工膜单独作为防渗层，以防止水渗漏。土工膜具有优异的防渗性能，可以有效阻止水库渗漏，保证水库的蓄水。

其次，土工膜还可以作为防渗墙。当水头较大时，土工膜可以和黏土等其他防渗材料一并形成一定厚度和强度的防渗层。与传统的混凝土防渗墙相比，土工合成材料具有施工便捷、强度高、耐化学腐蚀、耐老化性好等优点。

土工膜在开挖型水库防渗中的应用具有很大的优势。通过选择合适的土工合成材料和施工方法，可以有效地防止水渗漏，提高水库的安全性和稳定性。

同时，经过近年来的发展，无损检测的手段、方法也越来越可靠，这为后续的土工膜的使用奠定了基础。

参 考 文 献

[1] 土工合成材料工程应用手册编写委员会. 土工合成材料工程应用手册[M]. 北京：中国建筑工业出版社，2000.

[2] 段宽，付锦，刘旸，等. 土工合成材料应用于填埋场边坡时的强度及稳定性设计［C］//中国土木工程学会水工业分会结构专业委员会，中国市政工程华北设计研究院. 中国土木工程学会水工业分会结构专业委员会四届四次会议论文集. 北京：2007，208－216.

[3] 张军. 土工膜、苯板与土的摩擦特性试验研究及相应边坡稳定分析[D]. 乌鲁木齐：新疆农业大学，2009.

[4] 刘凤茹. 复合土工膜选型及缺陷渗漏量试验研究［D］. 南京：河海大学，2002.

[5] 吕杰. “500”水库受水区西延干渠边坡土工膜防渗体抗滑稳定试验研究［D］. 乌鲁木齐：新疆农业大学，2014.

[6] 花加凤. 土石坝膜防渗结构问题探讨［D］. 南京：河海大学，2006：28－65.

[7] 鲁一晖，郝巨涛，岳跃真，等. 沥青混凝土面板防渗工程中的几个问题［J］. 水利水电技术，2005（36）：132－136.

[8] 姜海波. 土石坝坝体、坝基和水库库区土工膜防渗体力学特性及渗透系数研究［D］. 乌鲁木齐：新疆农业大学，2011.